ナタ1本ではじめる「里山林業」

山採り枝物で稼ぐコツ

津布久隆 著

農文協

はじめに ―― 里山林から「収穫の喜び」が

突然ですがクイズです。「日常生活および自給的な農業や伝統的な産業のために地域住民が入り込み、資源として利用し、攪乱することで維持されてきた林」とは何でしょう？　答えは、里山林《さとやまりん》です。人家から遠く離れ、普段は人が入ることのない奥山林《おくやまりん》と違い、資源を利用するために地域住民が日々入り込む場所。それが里山林でした。

昭和初期まで日常の生活には、薪や炭などの燃料用材を代表に、自給的な農業には肥料用の落ち葉、農具の柄やハザ掛け用の小丸太、納屋用の建材など、様々な資源が必要でした。さらに伝統的な産業では、クワやコウゾ、漆をはじめ、製紙用のミツマタ、食用のクルミやクズ、油脂用のキリやカヤ、製油用のクロモジやクスノキ等々、多岐にわたる植物が資源として利用されました。そして、それらを採取するという人為的な攪乱が繰り返されることで、遷移が何度もリセット。里山林は極相林（植生が安定した状態）になることなく、独自の景観や生態系が形成されてきました。

しかし、昭和30年代半ばに燃料革命・肥料革命が起きると放置林が増加。人々は里山林に入らなくなり、大半がヤブに覆われ、竹やつるが行く手を阻むようになりました。それまで身近な存在だった里山林が、人が入り込まない「里山の奥山林」になってしまったのです。

足を踏み入れたくなるような明るい里山林を取り戻すには、継続した除伐や下草刈りなどの手入れが欠かせません。それは以前なら特別な労働ではなく、生活に必要な資源の採取の繰り返しが里山林の管理につながっていましたが、現代社会にそれを望むのは無理というもの。何か名案はないかと考えるなかで思いついたのです。刈り取った草木が収入になれば、「手入れという苦労」が「収穫という喜び」になる。稼ぎになれば多くの人が真似ることで、おのずと各地に明るい里山林が増えるはずだ。

ハハハッ、それはそうかもしれないが、そんなもの誰も買わないだろう。普通はそう思いますよね……。でも、売れました！　多い月には3万円程度の小遣い稼ぎになっています。ぜひページをめくってください。あなたをナタ一本で稼げる「里山林業」の世界に誘ってご覧にいれます。

2024年11月

津布久　隆

目次

第3章 里山林業の実際

第4章 いろいろあるぞ 天然枝物の売り方

第5章 枝物採取のための山づくり

主な植物＆用語索引

（太字は主要な関連ページです）

プロローグ

ナタ一本で稼ぐ 里山林業の魅力

山に自生する植物の「切られても育つ力」をおカネにするのが里山林業の醍醐味。生け花や装飾用の花材に使う枝物（切り枝）や草花の採取なら小さい道具で誰でもできます。軽くて、綺麗で、気楽な、人にも山にも優しい超お手軽な生業です。

1 里山林業って何？

林業とは、一般的に山に生えている大きなスギやヒノキなどを伐り倒し、トラックで運び出して、建築用材等として売る産業です。昔はオノを持った木こりが「倒れるぞ～」とやっていましたが、現代では大型の高性能林業機械に乗った作業員がテキパキとスマートに作業する現場がとても多くなりました。

とはいっても、いまでも男性中心の職種であることには変わりなく、キツイ・汚い・危険のいわゆる「3K」が払しょくされたかといえば、まだまだ課題は残されています。そのため、事務系のサラリーマンだった人が定年退職後の第二の職場にだとか、子育てを終えた女性が時間的なゆとりができたからといっても、林業の仕事に従事するには大きなハードルがあることは否めません。

しかし、本業として取り組むのではなく、じいちゃん、ばあちゃん、かあちゃんでも十分に小遣い稼ぎができるお手軽な林業もあります。

それは、里山に自生するごく平凡な雑木の枝や雑草を採取し、商品として販売する生業です。それらは切っても数年後には勝手に再生するので栽培の手間がかからず、肥料や農薬もいらないので「原価ゼロ」。扱うのは小枝や草など、基本的には軽いものばかりで、汚れる作業も少なく、自分のペースで取り組めます。天気が悪ければさぼったり、長期間休んだりしても、初期投資がほとんどかかっていないので、赤字になることがない気楽な仕事です。

ナタ一本あれば誰でもできる、軽くて、綺麗で、気楽な、この「新3K」の生業は、農業というよりは一方的に採取する太古の林業に近く、身近な里山で十分行なえるので「里山林業」と呼ぶのがふさわしいでしょう。

そんな名前なんかどうでもいいから、肝心なのは、どこに売るのか、誰が買うのか、ですね。はいはい、お待たせしました。里山林業は、山採りの枝物や植物を生け花やディスプレイなどに使う花材として、花き市場や農産物直売所などで販売するという生業です。えっ、いつ頃、どんな植物が売れるのか知りたい？ 心配いりません、里山には年間を通じて、いろいろな商品があります（**➡詳しくは第1章20ページから**）。ぜひ、お宝植物を見つけてください。

里山林業の基本は雑木の枝の採取。ナタ1本あれば誰でもできる（写真撮影＝曽田英介、以下S）

身近な里山林は枝物の宝庫

2 いま、天然枝物が人気

旬や自然を感じる個性豊かな花材

　生け花などに使う花材と聞くと、生け花が花嫁修業の一つだった昭和初期ならいざ知らず、現代ではそんな需要はほとんどないだろう。わずかにあったとしても、花材は輸入物や栽培物で十分賄えており、山採りの天然物の出番なんてない。普通はそう思いますよね。

　しかし、株式投資の世界には「人の行く裏に道あり　花の山」という格言があることをご存じでしょうか。花見に行くと、人だかりでゆっくり花を見られないことが多いが、そんな山でも人があまり行かない裏道があって、思いがけず花見を楽しむことができたりするものだという話になぞらえて、「大勢の人と同じことをしていては、大した儲けにはならないから、逆の行動をとることが大切だ」と説いており、一説には千利休が詠んだ句ともいわれます。

　そのため、まずは生け花（華道）というものを知りましょう。室町時代後期に確立されたといわれる生け花にはたくさんの流派があり、その根源とされる華道家元「池坊《いけのぼう》」のホームページには、次のような説明書きがあります。

「自然に恵まれた日本では、四季折々に美しい草木が見られます。春の芽生え、夏の繁茂、秋の彩り、冬の枯枝……これらは草木が生きているからこそ現れるものです。――（中略）――虫食い葉・先枯れの葉・枯枝までも、みずみずしい若葉や色鮮やかな花と同じ草木の命の姿ととらえ、美を見出すことが池坊の花をいける心であり、理念です」

　このように、本来の生け花は高価な花材を華々しく飾るのではなく、自然にある草木のなかに美を見出すという、もっと身近な作法であったようです。数ある流派のなかには、「広《こう》山《ざん》流」のように植物本来の個性を重視して「梅は梅らしく、桃は桃らしく」をモットーに、植物の自然な風情を大切にする流派もあります。1910（明治43）年、初代・岡田広山によって創流された広山流は、型にとらわれず自由に生けるのが特徴で、通常では流通することがないような大きな二股の枝や枯れ葉がついた枝など、自然のなかで育つ個性的な枝物たちを積極的に使って、四季折々の自然を表現してきました。

　また、文化庁の令和2年度「生活文化調査研究事業（華道）」の報告書には、こんな一文があります。

広山流栃木支部の皆さんと私（著者）

「近年、ユーカリやアカシア等流行のものなど特定の花き品目の需要は高まっているが、花材として使用される水生の花きや山取りの品目（コブシ、ナツハゼ、ナナカマド、マツなど）の入手・販売は、年々困難になっている」

なるほど、いまや天然枝物の花材が不足しているといっています。また、「花き業者へのヒアリングによると、例えば枝の真っすぐなものなど一般的に流通している規格品ではなく、曲がった枝など規格外の花きも需要がある」とも書かれています。規格外でも需要があるというのですから、里山に自生する植物の枝だって十分商品になり得るはずです。

さらに調べてみると、近年はイベント空間やショーウインドウなどを演出するディスプレイの素材も、天然の枝が好んで使われているのです。折しもコロナ禍以降、生活空間に花や緑を取り入れたいというニーズが高まっており、ホームユース需要の追い風があります。なかでも枝物は観葉植物などの鉢物に比べると安価で、ケアも簡単。インテリア感覚で気軽に飾れるうえ、花より日持ちがいいのも人気の秘訣となっているようです。

例えば、春に山で採取したリョウブは、花瓶の水に挿しておくだけで1カ月以上は十分緑を

型にとらわれず、自由に生けるのが広山流のモットー（S）

里山の一部分を切り取ったような広山流の師範の作品。ヤマツツジ、コウヤボウキ、ヤマジノホトトギス、ウリカエデなど天然枝物をふんだんに使っている（S）

脇役であるはずの枝物がもはや主役に。ミズキがいいアクセントになっている（S）

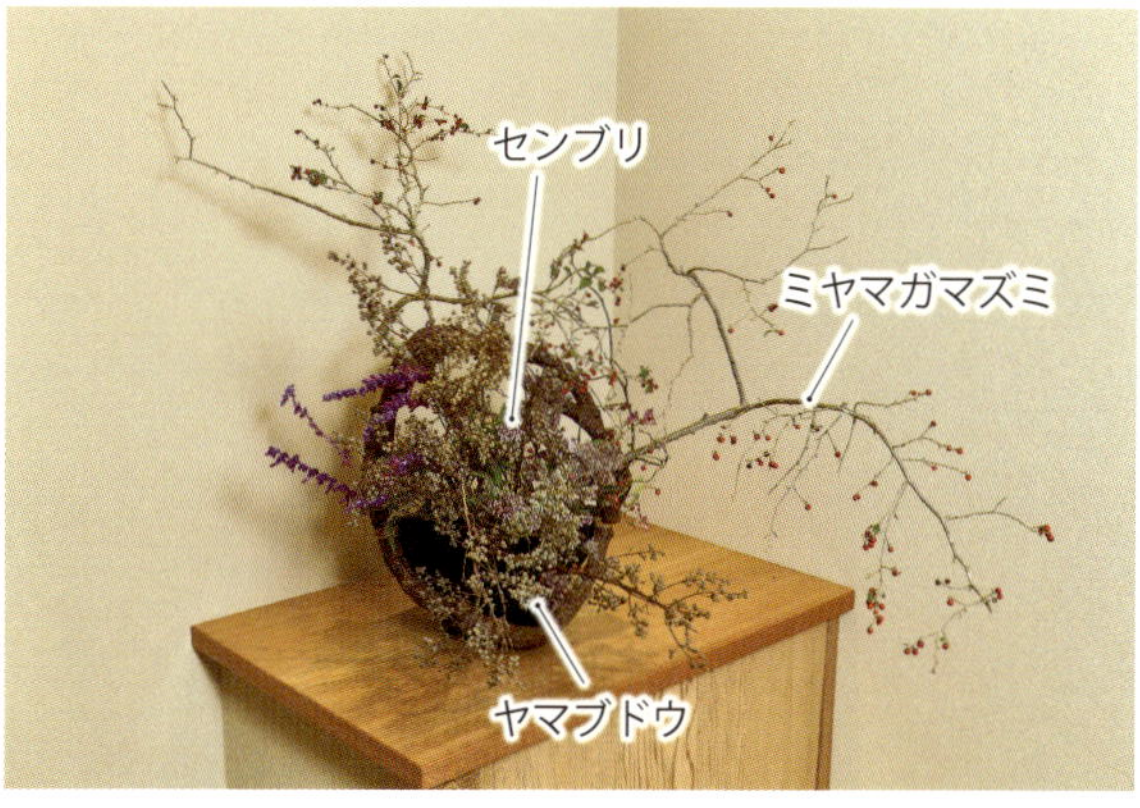

ミヤマガマズミ、ヤマブドウ、センブリの花など、すべて山で見つけた花材をつるかごに生けた（S）

インテリアグリーンで大人気のドウダンツツジ

楽しませてくれます。たまに水を替える程度で、特別な世話もいりません。部屋のインテリアとしてグリーンを取り入れる際、特に初心者にはおすすめの花材です。空気の清浄にもなり、目の疲れを癒す効果やリラックス効果がある緑。何といってもオシャレです。今後ますますこのような枝物の人気は高まることでしょう。

花いけが高校生でブーム？

　また、近年は若者、特に高校生の間で生け花が隠れたブームになっており、2人1組になって5分という短時間で花を即興で生ける「高校生花いけバトル」が大人気です。このバトルの全国大会が2017年から開催されており、初年度は計77校123チームだった地区大会の参加数が、23年には115校269チームにまで増えたことでもわかるように、いま人気急上昇中なのです。

　花を生けるというわが国伝統の精神は、現代の若者の心のなかにもしっかりと生き続けています。そして、この花いけバトルで勝敗を左右する重要なアイテムになるのが「大胆な枝物」であることが多く、花いけが広く知られるようになれば、天然枝物に俄然注目が集まってくるはずです（⬇詳しくはコラム①18ページ）。

オーガニックな商品

　花き園芸作物の多くは生産過程で農薬や化学肥料を使わざるを得ませんが、里山林業の天然枝物は山のなかで勝手に育っているので、そうした資材とは無縁です。いわば、これからの時代に合致したオーガニックな商品ともいえるでしょう。ただし、自然のなかで他の植物と競合しながら成長している場合が多いことから、枝が真っ直ぐではなく暴れているものが大半です。また、虫食いの葉があったり、色合いが均等でなかったりすることも多々あります。

　そのため、里山林業ではそういった天然ならではの欠点を「いとおかし（とても趣がある）」と解釈してくれるお客さんと出会えるか否かが成功のカギを握ります。

3 里山林業メガネをかけると裏山が宝の山に見える

厄介な雑草や枯れ枝も売れる

里山には、「邪魔者」とされる植物もたくさん生えており、多くの人がその繁殖力に閉口しています。そんな「勝手に生えてくる力」のなかには、サステナブルな資源として利用できるものもあります。

例えば、道端の代表的な雑草であるカヤツリグサもその一つ。毎年刈り払われたり、除草剤をかけられたりしているのに、翌年もしつこく生えてきます。ただ、花をよく観察してみてください。線香花火のように放射状に開いており、なかなか美しいのです。このカヤツリグサを出荷してみようと思ったきっかけは、生け花が好きな友人からの「この草は生け花で使えそう」のひと言でした（**↓詳しくは第2章77ページ**）。

荒れ地に繁茂するタケニグサも商品になります。この植物は明るくなった場所でいち早く背を伸ばし、広い葉を広げてしまうので、新植造林地などでは特に嫌われています。大型の雑草なので、さすがにこれは生け花にはならないだろうと思いましたが、葉を取ってみるとあたかも僧侶が煩悩を振り払うために持つ「錫杖《しゃくじょう》」のようになるではありませんか。これなら売れるかもという気持ちになり、出荷すると1本150円で売れました（**↓詳しくは第2章78ページ**）。

また、枯れ枝や流木、そしてつるでさえ商品になります。『いけばな花材ハンドブック』（工藤和彦著）では、枯れ物素材を次のように説明しています。

「自然物でありながら反自然的であり、生の植物以上に自然の造形を凝縮している」「オブジェとしての豊かな世界がひろがる」「用いる人のみずみずしい感性によって、私たちの生活を彩ってくれる」。驚いたことに枯れ枝がこのように賞賛されているのです。残念ながら、現在生け花で使われている枯れ物素材のほとんどは輸入品のようなので、ぜひ里山林業で純国産の花材を提供しようではありませんか。

ホオノキの枯れ葉やヤマブドウのつるを大胆に使った作品（S）

天然ならではの希少性も売りに

さらに、植物の葉は気温や栄養不良、または突然変異などによって、色が変わることがよくあります。この通常とは異なる色の葉なども、その希少性が付加価値を生むことも多々あります。

私の知人で接ぎ木職人の矢澤光一さんは、茨城県つくばみらい市で「㈱矢澤ナーセリー」という植木生産業を営んでいます。園芸品種だけでなく、里山に自生する在来種の斑入《ふい》りやカラーリーフを実生《みしょう》、挿し木、接ぎ木などで繁殖させて販売しています。斑入りとは、通常は単色の葉に他の色が斑に入ったもので、緑の葉に黄色や白が混じる場合が多いです。カラーリーフとは、普通の葉は緑色ですが、これが黄金や赤、銀白色などになったもの。矢澤さん曰く、このような特殊形質は品種改良などによってつくることもありますが、自然のなかで偶然見つかるケースも少なくないそうです。

一見何の変哲もなさそうだけど、花材として使える植物、枯れ木、流木、つる。そしていままで見過ごしていた「変わった枝」。目を凝らせば、平凡な里山でもいろいろあるはずです。何かおカネになりそうな植物はないか。そんな目（私はこれを「里山林業メガネをかける」と呼んでいます）でキョロキョロ、ギロギロしながら歩けば、いつもの裏山が宝の山に見えてくること間違いなしです。

4 時間もコストもかからない

栽培園芸で温度や照度の調節が必要な大きな理由は、最も高値になる時期に出荷するためです。その点、里山林業では自然条件下で咲く「季咲き」での出荷が基本。出荷調整の手間やビニールハウスなどの施設は不要なことから、時間と経費がかかりません。

当然、季節を先取りできないので単価は安くなりますが、手間をかけず、マイペースが売りの里山林業ではそれは覚悟のうえです。さらにいえば、苦労して栽培するのではなく、毎年毎年勝手に成長する植物たちを採取・出荷するので、薬剤散布や施肥もしません。もちろん、成長量以上の強度な採取を続けてしまうと収穫量は落ちてきますが、その里山林の環境にマッチして、困るほど生えてしまう植物たちを採取するわけですから、減り過ぎないように調整することは簡単です。持続可能な収穫が十分可能であり、いまどきの流行でいえば、サステナブル産業だといえます。

また、採取から出荷までにそろえる道具としては、ナタと結束のためのヒモ、ラッピング用

矢澤氏からいただいた
斑入りのコナラの苗

の透明マルチなど数点のみ（➡詳しくは第3章94ページ）。コスト的にもサステナブルです。

天然枝物を採取する里山林業とはいえ、商品になる植物の生育を促進させるために、それらを被圧している他の植物を除去したり、商品になる樹種がたくさん発芽してきて過密になったら、その一部は移植したりするなど、多少栽培的な施業も行ないます。このことから、森林資源を単に略奪的に搾取するのではなく、商品が安定的に収穫できるように、後々のことを考えて森林整備や樹木管理をする必要があります。

ただし、ドウダンツツジやナツハゼなどが高値で売れているという話を聞いたからといって、地域に生息しない植物の苗を里山に植えても、環境に適さなければ多くの場合、枯れてしまいます。里山林業は、そこの環境に適した植物を商品にすることを基本にすべきでしょう。

5 里山林業への道
——週1出荷で月3万円稼ぐ公務員の社会実験

高齢里山林の改良がきっかけ

私はごく普通の地方公務員です。林業の普及指導員として、これまで人工林の間伐や広葉樹林施業などの業務に長年携わってきました。

定年退職が近くなり、老後に何をしようかと考えたときに、自分の知識や経験を活かせる林業をやりたいと思ったのですが、そう思ってみたところで、実践できる山を持っていませんし、伐採等の技術もありません。近年は「自伐型林業」というかたちで、林業に新たに参入する人も増えてはいますが、腰痛持ちの私がいまからそれを始めても体がついていかないことは明らかです。やはり林業は無理か——。

そんな私の趣味は里山での森林浴。いつも散歩しているのは、以前は暗くうっそうとしていたものの、2009年に強度な抜き伐りを行

借りた山で里山林業を実践する私。毎週土曜日の午前中は、ほぼ山のなか（S）

花見ができる里山林（栃木県那須烏山《なすからすやま》市）

なったことにより、林床に太陽の光が差し込むようになった知り合いの林分《りんぶん》です。この高齢里山林の改良は、当時、当地区の普及員だった私がすすめたものだったので、自分にとってはたいへん思い入れのある場所です。

　施業の後、4・8haの林分にはコナラやクリなどの高木《こうぼく》性樹種が天然更新を始め、リョウブやムラサキシキブをはじめとした灌木《かんぼく》類も生育してきました。さらにアズマネザサ等のシノダケが林床を覆い始めてきたので、これらの除伐が必要な状況です。そこで19年、私はこの林分をお借りし、除伐や草刈りをしながら、刈り採った植物を売ってみるという社会的実験を始めることにしました。

目標は年収100万円の稼ぎ

　それから約5年が経ち、山で枝さえ採れればすぐにでも生業が始められることはわかりました。といっても、平日は本業があるので、里山林業は週末のみ。毎週土曜日の午前中に山に入って枝を採取し、午後から自宅の庭で結束・梱包の作業を行ないます。そして、日曜日の朝にラッピングして花き市場に出荷するという「勤務形態」です（➡詳しくは第3章、第4章）。

　週1回の出荷で、収益は年間20万～30万円。少ない月は月1万円、多い月は3～4万円になるときもあります。平均すれば月3万円弱。少ないと思うかもしれませんが、初期投資はほとんどなく、植物を育てる労力もかけていないのですから、これでも十分な稼ぎと考えることもできます。ただし、あと2年して公務員を完全退職したら実験ではなく主業にできるので、稼ぎは3倍には増えるだろうなどと「採らぬ枝物の皮算用」する自分もいます。

　とにかく里山林業の作業内容は重労働ではありませんし、危険や難しさも感じません、もちろん資格や免許も必要ありません。高齢者（私も含まれますね……）や女性でも十分可能な作業です。また、若い幹は採取しても再度伸長してきて数年で元の大きさに戻りますし、切り口から複数の新たな芽が出て複幹になり、将来の収穫量の増加が期待できる樹形になる幹があることも確認できています。そして、私が生産活動を行なっている里山林は明るくさわやかな空間が維持できているので、この生業は明らかに森林整備につながっています。

自宅の庭で枝物の出荷作業中。
1本100円になれば1束で
1000円だから、全部で……（S）

　このように里山林業は、人にも山にも優しく、ナタ一本あれば誰にでもできる、超お手軽な生業といえるのです。

6 山主にも借り手にもメリット

さて、農家林家や山林所有者であれば、自身の裏山で里山林業をすぐに始めることができますが、私のように山を持っていない人は、誰から借りる必要があります。無断で他人の山に入ることは、森林法などの罰則の対象となるからです（➡詳しくは第3章92ページ）。

そして、ただ借りるだけでなく、そこに自生する植物の採取も了解してもらうとなると、賃借料が気になるところです。そこで提案ですが、例えば林内の太い木を伐ることはなく、邪魔な灌木類を除去するだけという条件で山主に交渉するのはどうでしょう。うっそうとしたヤブだった林分が掃除してもらえるとなれば、無償提供は無論のこと、なかには感謝してくれる所有者もいるはずです。

事実、これに似た関係は、昭和の中頃まで全国各地にありました。当時は、雑木林《ぞうきりん》を持たない農家が大地主の森林を借りて、その林分の落ち葉や薪を採取させてもらう代わりに、萌芽《ぼうが》整理などの更新補助や除伐、枝打ちなどの手入れを行なって、良質な薪炭林《しんたんりん》に仕立て上げました。もちろん農家はわざわざ里山の手入れを行なうというよりは、必要な草木や落ち葉などを採取したに過ぎません。この際にあまり欲張り過ぎて薪炭の生産量が落ちてしまうと、大地主から雑木林を貸してもらえなくなるので、そうならない絶妙な採取を行なっていたと推察されます。そして大地主は農民が育てた立派な薪炭材を高く販売することができるというウインウインの関係が成り立っていたのです。

残念ながら1950年代後半の燃料革命・肥料革命でこの理にかなった関係は途絶えてしまいましたが、現代であれば、山を借りる側は「枝物や草本《そうほん》を得る対価として、山を美しく保つと同時に高木性樹種の更新を補助する」、貸す側は「育った樹木を用材やシイタケ原木として販売する」という関係が十分に成り立つものと思われます。ちなみに、私も約10haの里山林を無償で貸していただいており、その代わりに篠《しの》ヤブにならな

山のなかで乾燥させている薪。里山はかつて燃料の山だった

いよう刈り払いに努めています。この不要な植物の除去が、商品になる植物の生育を促進させるうえで必要な作業となります。

なお、この里山林の貸し借りが広く行なわれだすと、枝物に適した樹種が多い里山林は他の里山林業家からも目をつけられることでしょう。おそらく早い者勝ちになるはずですので、先を越されないようにすぐに行動することをおすすめします。また、ひとりで始めるのが難しいと感じる場合は、仲間と里山林業のグループをつくるのも手です（➡**詳しくは第５章１３７ページ**）。

7 バタフライエフェクトを夢見て

里山林は、古くから私たちに多種多様な恵みを与えてくれる貴重な空間でした。特に戦時中は物資が極度に不足したことから、搾取ともいうべき過度な収穫が続いたことで、植物が枯渇してしまい、全国各地にハゲ山が出現するまでになったのです。しかし、昭和30年代以降、私たち日本人は木を植え、緑を育てることを続けた結果、森林率67％という世界屈指の森林大国を築くことができました。

その一方で今日、奥山の森林だけでなく、里山の身近な植物でさえ、生活に使われることなく邪魔者扱いされている現状があります。何とかしてかつての里山林を復権させたい。私が天然枝物の生産を始めたのはそんな思いもありました。

もちろん、イチ個人が細々と枝物を生産していても現状が何も変わらないことは十分承知しています。しかし、バタフライエフェクトという言葉があります。これは気象学者のエドワード・ローレンツが１９７２年の講演の際に使った言葉で、「些細な出来事が、後に予想もしていなかったような大きな出来事につながる」ことを意味します。里山の木々を通じ、価値がないと思われている物に、価値を見出そうとする心を多くの人が持つこと。それは必ずや森林環境保全につながるものと信じています。

さて、それでは本日も、里山林業が最初の羽ばたきとなり、全国の里山林が再び価値ある空間になる日を夢見ながら、お宝探しに行ってきます！　あなたもナタを持って里山林に出かけませんか。そうそう、里山林業メガネを忘れずに。

手入れされた里山林。林床に光が差し込み、ホオノキやリョウブなど、様々な植物が育っている

お宝探しに
行ってきまーす

コラム①

高校生花いけバトルが熱い！

「生け花」ではなく「花いけ」。そして２人１組の５分間のバトル形式。わが国伝統の華道を築いてきた先人たちがこれを知ったら、さぞ目を丸くすることでしょう。このバトルは、日本の花文化をいまの時代にふさわしいかたちで育むことを目的に、花を生けることを楽しみ、みずみずしい感性と創造性を花で表現する舞台です。

花いけは特に高校生に人気で、野球の甲子園のように、香川県で毎年全国大会が行なわれるほど盛んです。この大会を題材にした小説やマンガも出版されるほど、青春の熱き闘いが話題になっています。ちなみに、花いけバトルのルールは右の通りです。

関東大会の様子。制限時間５分、即興で生ける

残り時間 10 秒。枝物を使い大胆な作品に仕上げる

全国高校生花いけバトル
地区大会ルール（例）

【参加資格・チーム】

- 国内の高等学校に在学中の生徒が対象です。
- 経験を問わず、花を生けたいと思う気持ちを持った誰もが参加できる大会です。
- 同一の高等学校に通う生徒２人１組でチームを編成してください。
- 複数の地区大会へのエントリーはできません。
- 地区大会の優勝チームは全国大会の出場権を獲得します。

【基本ルール】

- 花を生ける制限時間は５分間です。
- 制限時間のなか、ステージに用意された花材を選び、即興で花を生けます。
- 花材、花器は主催者が用意します。花材、花器の持ち込みはできません。
- 花、葉のついた植物は、植物が水を吸うことのできる状態で生けてください。
- 花いけ台の清掃は、出場者自身が５分間の時間内に行なうものとします。
- 鐘が鳴る前、鐘が鳴り終わった後に花を生け続けている等の動作は禁止となります。

【審査の基準】

- 勝敗の判定は審査員と勝ち札を持った観客全員により行なわれます。
- 花をいかに生けていたかの「表現点」と、完成した作品の「作品点」で判定します。
- 審査員が 70%、観客が 30%の点数配分となり、表現点は、丁寧さ、所作の美しさ、チームワーク、元気に楽しく等を評価します。

第1章

里山林業の一年

―枝物出荷カレンダー―

里山林業は、自然に生えてきた植物をなるべく高値になる時期に採取・販売するのが基本。花が咲く直前や実がなった姿が枝物として最も価値が高くなりますが、なかには春は新緑、秋は実物など、二役をこなす芸達者な植物もあります。

★本書に登場する植物の【　】内の和名は、学名のような正式なものではありません。漢字で書く場合はこう書くことが多いというものです。なかにはどうがんばってもそうは読めないものもありますが、由来を考えながらお楽しみください。

春（3～5月）の里山林業

芽吹き姿に価値があるホオノキ

花き業界は通常の季節より少し前倒しで動いているので、春は3月から始まります。3月も後半になると木々が一斉に若葉を出し始めることから、冬の間、多少手持ち無沙汰だった里山林業が一気に忙しくなります。

多くの枝物は、若葉が展葉し始めたときの姿が求められます。この芽吹きは、樹種はもちろんのこと、同じ樹種でも一本一本の木によって、展葉が早かったり遅かったりズレがあるので、日々木々を観察して最もよい採取のタイミングを逃さないようにしましょう。特にホオノキは展葉のスピードがとても速く、すぐに朴葉《ほおば》焼きに使う大きな葉になってしまいます。枝物として売るのなら、そうなる前に収穫しましょう。

普段は地味な樹木でも、新緑はみな美しいものです。アオハダ、アカシデ、コナラ、ミズキなど、どの樹種でも商品にすることができます。なかでもオトコヨウゾメの新緑は知る人ぞ知る可憐さがあります。ただ葉が小さいことから、買い手にその特徴がうまく伝わるように、画像でPRできるネット販売が効果的です。

なお、リョウブやコシアブラなどいくつかの樹種は、若芽がまだ硬いうちに切っても、水に挿しておけば、その後ちゃんと展葉してきます。

花物は咲き始めが収穫どき

新緑の次は、花物の時期がやってきます。4月末になれば、ガマズミやエゴノキの白い花、そしてヤマツツジの朱色の花が里山を彩ります。直に足元でコゴメウツギやコアジサイも咲きだすことでしょう。どの樹種にしてもお客さんは咲き始めを求めるので、満開になってしまっては商品になりません。花が咲く直前が出荷のタイミングとなることから、枝物生産者は花見を楽しんでいる場合ではありませんね。

5月には寂しかった人工林の林床にも、ベニシダなどのシダ類の新緑が少し遅い春の訪れを知らせてくれます。じつはこのシダ類、よく見るとけっこう美しい種類が多く、この時期ならば葉が傷んでいません。ただし、あまり早い時期に収穫するとすぐに萎れてしまうので、葉の色がしっかりと緑色になるのを待つようにします。

青空に映える
コナラの若葉

＊展葉（てんよう） 発芽した芽が広がり、葉になること。

＊芽吹き（めぶき） 樹木の新芽が出始めること。

＊枝物（えだもの） 切り花として流通する枝の総称。観賞部位により、葉物、花物、実物に分類される。

＊花物（はなもの） 園芸や生け花で、花を主に観賞する枝物。

春の枝物出荷カレンダー

（円／本）

		1月	2月	3月	4月	5月	6月	7月	8月	9月	10月	11月	12月
木本	リョウブ			**102**	**200**	**130**	150	120		16		60	
	アオハダ	120	102	**50**	**150**	**180**	180	200		150	120		
	アカシデ	150			**144**	**200**	180	121		10			
	ウリカエデ				**120**	**150**	150	33	49	30	120	60	
	ウリハダカエデ				**150**	**200**	200	13				40	
	エゴノキ				**300**	**200**		200		13			
	アセビ	100	200									54	250
	ガマズミ				**250**	**100**				102	250		
	オトコヨウゾメ				**300**							150	
	コナラ				**150**	**102**						126	
	ミズキ				**150**	**80**			86	200			
	コアジサイ					**142**	43				100		
	イロハモミジ					**100**						204	
	ホオノキ			**28**	**250**								
	コシアブラ				**150**	**120**							
	ヤマツツジ				**56**	**120**		200					
	ニワトコ					**48**							
	コゴメウツギ					**200**	120				10		
草本	ベニシダ					**100**							

販売適期　販売可能期

春に売れる主な植物

◎芽吹きが魅力的な樹種

リョウブ／ホオノキ／コシアブラ／ウリハダカエデ

◎新緑が魅力的な樹種

アオハダ／アカシデ／コナラ／オトコヨウゾメ／エゴノキ／ミズキ／ニワトコ／イロハモミジ／ヤマツツジ

◎春の花が魅力的な樹種

ウリカエデ／エゴノキ／ガマズミ／コゴメウツギ／コアジサイ

◎一年中需要がある樹種

アセビ

◎春に売れる草本

シダ類

十二単を脱ぎ始めた
ホオノキの芽吹き（S）

収穫のタイミングを迎えた
開花直前のヤマツツジ（S）

夏（6～8月）の里山林業

商品になる植物が次々登場

6月は新緑や春の花が一段落し、少し時間ができる季節になります。花がアジサイに似ているノリウツギやリョウブが花をつけるのがこの時期です。これらの花期はとても短いので、「美しくなる直前」を逃さないようにしましょう。

さらに7月に入ると、ヤマハギやコマツナギも咲きだします。これらの花は何日も咲いているわけではなく、朝に咲いて夕方にはしぼんでしまう「一日花」ですが、次から次へと咲くので、長い間ピンクの潤いを与えてくれます。

この時期の商品は花だけではありません。トゲトゲして邪魔だったイチゴ類は、6月になると早々と実をつけて、「木イチゴ」という人気者に変身します。また、アカシデなどのシデ類は特徴的な形をした実をぶら下げだしますし、エゴノキの実が膨らみ始め、ウリカエデやウリハダカエデもプロペラ型の実をつけだすことでしょう。暑い時期ですので、採取後は萎れさせないように日陰に置いて、十分に水をあげましょう。

雑草がおカネに換わる？

草本も商品になる種類が次々と現れ始めます。春が過ぎると、まず畔や道端でマメグンバイナズナのかわいい花が咲きだします。

お盆の頃には、ミズヒキ、オトコエシ、そしてヨウシュヤマゴボウなど、たくさんの草本が大きくなります。極めつきはカヤツリグサとタケニグサ。これら典型的な「雑草」を、里山林業ならおカネに換えることができます。刈り払い機で除去などせず、収穫して水揚げします。

ただし、すべての植物がおカネになる夢のような里山はありません。売れない植物が売れる植物を被圧しているのが実際のところです。そのため商品価値のない植物の刈り払いが必要です。うまくすれば高値になるフジやクズなどの「つる」も、すべて残すと悲惨な状況になるので除去が必要になります。熱中症対策のために早起きして涼しいうちに作業しましょう。

夏から秋にかけては、ゲリラ豪雨や台風などが多くなり、鉄砲水が沢沿いに流木を運んできてくれます。お宝がゴロゴロしているかも。

新緑がさわやかな
アオハダが多い林分

＊花期（かき）
花が咲く時期、期間。

＊一日花（いちにちばな）
一日でしぼんでしまう花。アサガオやハイビスカスなど。

＊水揚げ（みずあげ）
水を吸い上げやすい状態にすること。

＊木本（もくほん）
多年生の地上茎（幹）がある植物。

＊草本（そうほん）
1年から数年で枯れる草花のこと。

夏の枝物出荷カレンダー

（円／本）

		1月	2月	3月	4月	5月	**6月**	**7月**	**8月**	9月	10月	11月	12月
木本	リョウブ			102	200	130	**150**	**120**		16		60	
	アオハダ	120	102	50	150	180	**180**	**200**		150	120		
	アカシデ	150			144	200	**180**	**121**		10			
	ウリカエデ				120	150	**150**	**33**	**49**	30	120	60	
	ウリハダカエデ				150	200	**200**	**13**				40	
	エゴノキ				300	200		**200**		13			
	アセビ	100	200									54	250
	ミズキ				150	80			**86**	200			
	コアジサイ					142	**43**				100		
	ヤマツツジ				56	120		**200**					
	モミジイチゴ					120	**180**						
	ノリウツギ						**50**	**60**					
	コマツナギ							**50**		15			
	クリ							**20**	**153**	100			
草本	マメグンバイナズナ						**60**						
	ミズヒキ								**40**	20			
	キンミズヒキ								**60**				
	ワレモコウ								**32**				
	オトコエシ								**64**		80		
	カヤツリグサ								**45**	21			
	タケニグサ								**150**	100	150		
	ヨウシュヤマゴボウ								**51**		80		

販売適期　販売可能期

夏に売れる主な植物

◎夏の花が魅力的な樹種
ノリウツギ／リョウブ／コマツナギ／コアジサイ

◎夏の実が魅力的な樹種
モミジイチゴ／アカシデ／エゴノキ／ウリカエデ／ウリハダカエデ／ミズキ／クリ

◎夏の葉が魅力的な樹種
アオハダ／ヤマツツジ

◎一年中需要がある樹種
アセビ

◎夏に売れる草本
マメグンバイナズナ／ワレモコウ／オトコエシ／カヤツリグサ／タケニグサ／ヨウシュヤマゴボウ／ミズヒキ／キンミズヒキ

アジサイに花が似ている
ノリウツギ

クリは夏に実をつけ始めるので実物で出荷

秋（9～11月）の里山林業

実物が最盛期

秋は多くの木々が実をつける時期。実つきの枝は「実物《みもの》」と呼ばれ人気が高いので、一年のなかでも秋はかき入れ時になります。

実物の採取は時期が早過ぎると実の魅力が伝わらず、遅過ぎると実が落ちてしまいます。紅葉が終わる頃が収穫のタイミング。そのまま枝物にできるクリのような樹種もありますが、多くは葉を取って実だけの姿にして出荷します。この摘葉《てきよう》はとても手間ですが、「手間は金なり」"Tema is money" です。

オトコヨウゾメは隠れた名役者

秋は紅葉の時期でもあります。最も早く赤くなるのはミツデカエデで、夏のうちから紅葉が始まります。秋本番になれば、本家本元のイロハモミジの他、ヤマコウバシやガマズミなども里山の秋を演出してくれます。リョウブやエゴノキ、年によってはコナラだって赤く紅葉します。ウリカエデは黄色になったり赤になったりとなかなかの芸達者。そして、隠れた名役者ぶりを発揮するのが、1枚の葉に紅と黒が混じることがあるオトコヨウゾメ。この時期の木々はこぞって自己主張を始めるので、その個性を葉《は》物《もの》の商品にします。

また、草本はヨウシュヤマゴボウ、オオオナモミが実物になります。オトコエシやタケニグサもまだ生えていますね。つる物も人気が出てきます。リース用の細いクズやアケビ、ディスプレイ用の太いフジなどが売れます。

有毒植物に注意

里山の植物のなかには有害な植物もたくさんあります。なかでも日本三大有毒植物に数えられるのが、トリカブト、ドクウツギ、ドクゼリ。トリカブト【鳥兜】（キンポウゲ科トリカブト属）はいわずと知れた猛毒植物で、ニリンソウやモミジガサ等の山菜と間違えて食べてしまう事故が毎年のように発生しています。

ただトリカブトの花は特有の形ですし、ドクウツギ【毒空木】（ドクウツギ科ドクウツギ属）は、ドクドクした赤い実をつけるので、一度覚えれば誤って採ることはないはずです。

赤や黄色に模様替えを始めた里山の木々たち

＊実物（みもの） 園芸や生け花で、実を主に観賞する枝物。未熟の状態で出荷するものもある。

＊摘葉（てきよう） 葉を摘み取る作業。枝物の場合は、実を目立たせるために行なう。

＊葉物（はもの） 園芸や生け花で、葉を主に観賞する枝物。新芽や紅葉を出荷するものもある。

秋の枝物出荷カレンダー

（円／本）

		1月	2月	3月	4月	5月	6月	7月	8月	9月	10月	11月	12月
木本	リョウブ			102	200	130	150	120		16		60	
	アオハダ	120	102	50	150	180	180	200		150	120		
	アカシデ	150			144	200	180	121		10			
	ウリカエデ				120	150	150	33	49	30	120	60	
	ウリハダカエデ				150	200	200	13				40	
	エゴノキ				300	200		200		13			
	アセビ	100	200									54	250
	ガマズミ				250	100				102	250		
	オトコヨウゾメ				300							150	
	コナラ				150	102						126	
	ミズキ				150	80			86	200			
	コアジサイ					142	43				100		
	イロハモミジ					100						204	
	クサギ									150			
	サワフタギ									300			
	ミツデカエデ									68			
	ゴンズイ									90	171		
	ウメモドキ										250		
	ウツギ										120	44	
	ムラサキシキブ										120	250	120
	ヤマコウバシ											250	
	モミ											300	
	トウネズミモチ											102	250
草本	ミズヒキ								40	20			
	オトコエシ								64		80		
	カヤツリグサ								45	21			
	タケニグサ								150	100	150		
	ヨウシュヤマゴボウ								51		80		
	オオオナモミ										80	60	
つる	フジ（長さ　3～4m）	86								300	350	800	400
	クズ（長さ　3～4m）										200	204	120
	アケビ	34						50		300	45	320	36
	ヤマブドウ										336	300	

■ 販売適期　■ 販売可能期

秋に売れる主な植物

◎秋の実が魅力的な樹種

クサギ／サワフタギ／ゴンズイ／ウメモドキ／ウツギ／ムラサキシキブ／アオハダ／アカシデ／ウリカエデ／ウリハダカエデ／エゴノキ／ガマズミ／コアジサイ／トウネズミモチ／ミズキ

◎紅葉が魅力的な樹種

ミツデカエデ／ヤマコウバシ／イロハモミジ／リョウブ／コナラ／オトコヨウゾメ／ウリカエデ／ガマズミ

◎晩秋に需要が高まる樹種

モミ

◎一年中需要がある樹種

アセビ

◎秋に売れる草本

ミズヒキ／オトコエシ／カヤツリグサ／タケニグサ／ヨウシュヤマゴボウ／オオオナモミ

◎秋に需要が高まる「つる物」

フジ／クズ／アケビ／ヤマブドウ

冬（12～2月）の里山林業

クリスマス、正月飾りが最盛期

11月中旬から12月中旬にかけて、クリスマス用のモミやトウネズミモチ、フジやクズなどのつる物、さらに正月用のマツやナンテンなどが出荷ラッシュになります。朝採って次の日出荷するというサイクルで回ればよいのですが、間に合わなくなるようでしたら、つる物などは忙しくなる前に採っておくようにします。モミやマツも日持ちしますので、先採りして日陰に保管しておきましょう。季節物の出荷時期は、早いのはありですが、遅いのはいけません。「12月26日のクリスマスケーキ」と言われ、適期が過ぎると途端に見向きもされなくなります。

流木や枯れ木も高く売れますが、出荷側も芸術的な感性が求められます。送料のほうが高いことが多い私は、残念ながら凡人のようです。

コウヤボウキはお宝植物

綿帽子をつけた冬のコウヤボウキも貴重な収入源。この草は生け花用でなく、岐阜県のヤマコーという会社が、お刺身などを飾りつける「萩すだれ」の原料として、定額で買い取ってくれます（➡詳しくは第2章81ページ）。しかも送料をヤマコーが負担してくれるので採れば採るだけおカネになり、赤字になることはありません。冬になったらコウヤボウキを探しましょう。

ヤブ払いは安全・経済対策に効果

山にはクマやイノシシなど、危険な野生動物もすんでいます。特にイノシシは全国各地の里山に出没するようになっているので、枝物採取中に遭遇する可能性は十分あります。ただ彼らも基本的には人を避けようとしていることから、常にこちらの存在がわかるようにしておけば、ニアミスを回避する効果が期待できます。

私の場合は、山仕事中はいつもラジオをかけるようにしています。さらに、彼らが身を潜める環境をなくすことも、野生動物を遠ざけることにつながります。がんばってうっそうとしたヤブを明るい環境に変えましょう。地面に光が当たり、風が通るようになれば、新たなお宝植物が生えてくるはずです。ヤブ払いは、安全対策にも経済対策にも効果的です。

林業では困りもののつるたちも、里山林業ではお宝

＊つる物（つるもの） 生け花の花材のうち、つるを主として観賞する花木、草類の総称。

＊隔年結果（かくねんけっか） 花と発育枝のバランスが崩れて、一年ごとに成り年（表年）と成らない年（裏年）を繰り返すこと。

＊ヤブ払い（やぶはらい） 下草や低木・つるを除去する作業。緩衝帯ができることで獣除けにもつながる。

冬の枝物出荷カレンダー　（円 / 本）

		1月	2月	3月	4月	5月	6月	7月	8月	9月	10月	11月	12月
木本	リョウブ			102	200	130	150	120		16		60	
	アオハダ	120	102	50	150	180	180	200		150	120		
	アセビ	100	200									54	250
	モミ											300	
	トウネズミモチ											102	250
	ヒノキ	100											231
	ヒイラギ												120
	ナンテン												350
	アカマツ												78
	イヌツゲ		130										
草本	コウヤボウキ（kg）	2,000	2,000										2,000
つる	フジ（長さ　3～4m）	86								300	350	800	400
	フジ（長さ　5m～）	146								795		1,020	1,020
	フジ（長さ　～2m）	90					420	528	720	700	700	687	1,020
	クズ（長さ　3～4m）										200	204	120
	クズ（長さ　5m～）										450	204	204
	アケビ	34						50		300	45	320	36

販売適期　販売可能期

冬に売れる主な植物

◎冬の葉や枝が魅力的な樹種

モミ／ヒイラギ／ナンテン／アカマツ／ヒノキ／イヌツゲ／リョウブ／アオハダ

◎冬の実が魅力的な樹種

トウネズミモチ／ナンテン

◎一年中需要がある樹種

アセビ

◎冬に売れる草本

コウヤボウキ

◎初冬に需要が高まる種類

フジ／クズ／アケビ／流木／枯れ木

ラッピング前のつる物。左からフジ、アケビ、クズ

正月の実物といえばナンテン。華やかな赤い実が目を引く

冬の臨時収入になるコウヤボウキ。綿帽子が目印

コラム②

街なかにも売れる枝がある

以前、林業関係者が「『トチノキの枝がたくさんほしい』という注文があったけど、近くでは手に入らないので断った」と話していました。私もそのときは、奥山に多いトチノキは、なかなか伐採されないだろうなと聞き流したのですが、いま思えば、トチノキは奥山まで行かなくても、街路樹として、街なかにもたくさんある樹木でした。

しかも、その枝は定期的にせん定され、処分されているのですから、この話をうまくつなげることができれば商売になったはずです。造園業に関わる皆さんは、ぜひともせん定枝の販売を検討してみることをおすすめします。

ナツツバキやシマトネリコの枝は、よく見ると綺麗ですよね。林業に従事している皆さんも、皆伐の際はもちろんのこと、間伐の前にも林内を刈り払うことと思います。新植地でも、下刈りが必須になりますよね。それら刈り払われる植物のなかには、1本100円ほどで売れる「商品」が多数混じっています。もったいないと思いませんか。

果樹のせん定枝も、おもしろい花材になりそうです。例えば、キウイのせん定枝。その魅力は、動き回るようなつる性の枝ぶりが美しいことや、加工しやすく形崩れしないことにあります。冬にせん定した枝の切り口を、春先まで3カ月ほど水に浸けておくと葉が芽吹きます。これを生けて暖かい場所に置いておくと、今度は白い花が咲き、約1カ月は生花として観賞できます。

また、オリーブのせん定枝も人気があるようです。葉の裏が白いので、生け花に使うと色に変化が生まれますし、枝がよくしなることからリース材にも向いています。50～60cmのせん定枝を10本1束にし、農産物直売所に出して200円で販売している農家がいて、よく売れていました。

ウメのせん定枝は、正月飾り用として需要があります。生け花の花材としても高評価で、近年、高値になっています。

街路樹のせん定作業

ウメのせん定枝も売れる

第2章

こんな枝や植物が売れる

この章では、里山に生える様々な植物のなかから、実際に私が商品にしたことがある本木や草本の魅力をはじめ、収穫の適期を紹介します。

販売実績の単価は、いずれもこれまでに出荷した商品の最高値を載せました。一年を通して出荷できるものから、季節限定のものなど57品目を紹介しています。なかには意外なものが売れたりします。

さあ、里山林業メガネをかけてお宝探しに出かけましょう。

1 長い期間出荷できる樹種

(1) ほぼ一年中売れる樹種

リョウブ

【令法】

❶ 分類 リョウブ科リョウブ属
❷ 生息地 北海道（南部）～九州
❸ 特徴 樹高 10 m未満の落葉小高木
❹ 魅力 芽吹き、新緑、花、実、紅葉

太い枝は 10 本、細い枝は 20 本で束ねる

里山の春を告げる芽吹き。1 本 100 円ほどで売れる（S）

販売実績

（円 / 本、cm）

	1月	2月	3月	4月	5月	6月	7月	8月	9月	10月	11月	12月
単価			102	200	130	150	120		16		60	
長さ			130	190	150	100	160		100		90	
魅力			芽吹	芽吹	新緑	花	花		実		紅葉	

最高値 200 円 / 本（2021 年 4 月 19 日 190cm 20 本束）

ほぼ一年商品になる枝物界の優等生

雑木林にもスギなどの人工林にもよく生えてくるリョウブは、ほぼ一年を通して枝物にできます。採取のピークは4月の芽吹き。5月に入って葉が開き、垂れ下がるようになると値段も下がってきますが、その後に咲く花もなかなかのものです。6月末から細長い穂状の白い花をたくさん咲かせ、夏の間、里山を彩ります。秋の紅葉も趣があるので、綺麗な葉が採れたときには出荷してみましょう。

素性が素直で幹がほとんど暴れることがなく、束ねるのがとてもラクです。1mより2mの枝のほうが、値段は高くなります。翌年には、切った幹から新たな幹が立ち上がり、3年もすれば再び収穫できる長さになります。

ちなみに、花き業界ではリョウブというとまったく別種のコバノズイナ【小葉髄菜】（ズイナ科ズイナ属の外来植物）を指します。本家本元のリョウブは「本リョウブ」と呼んで区別したり、コバノズイナを「姫リョウブ」と呼んだりするなど、複雑なので注意が必要です。

アオハダ【青膚】

❶分類 モチノキ科モチノキ属
❷生息地 日本全国
❸特徴 樹高 10 m程度の落葉小高木
❹魅力 芽吹き、新緑、葉、実、枯れ枝

雌の木は赤い実をつけるので、新緑の採取は控える

新緑が白い幹に映える。
庭木としても人気

販売実績　（円 / 本、cm）

	1月	2月	3月	4月	5月	6月	7月	8月	9月	10月	11月	12月
単価	120	102	50	150	180	180	200		150	120		
長さ	180	180	130	200	180	180	170		60	120		
魅力	枯れ枝	枯れ枝	芽吹	新緑	葉	葉	葉		実	実		

最高値 200 円 / 本（2024 年 7 月 28 日 170cm 10 本束）

雄は新緑・葉物 雌は実物で出荷

アオハダは全国の里山でごく普通に生えている木です。樹皮を軽く削ると、青い（実際は緑色の）肌が現われることが名前の由来です。

新緑がいかにも春を感じさせるので4月に出荷しますが、葉がそれほど大きくならないことから、枝物が少なくなる夏場でも需要があり、秋には赤い実がたくさんなって人気があるなど、ほぼ一年中商品にはなります。なかでも安定して売れるのは秋です。葉を取って、実だけの枝にして出荷します。また、冬枯れの枝も肌が白くて美しいので人気があり、商品が不足する時期の貴重な収入源になります。枝が横に広がった格好のよい木を選んで出荷しましょう。

アオハダは雌雄異株《しゆういしゅ》で、実がなるのは雌の木だけです。新緑や葉物などで出荷するのは雄の木にして、雌の木は実物専用にします。なお、造園木としても人気です。もし若木が多く生えるような林分でしたら、掘り取って植木として販売することを検討してみるのもいいですね。

アカシデ【赤四手】

❶ 分類 カバノキ科クマシデ属
（別名：ソロシキ）
❷ 生息地 日本全国
❸ 特徴 樹高 15 m程度の落葉高木。
おそらくコナラの次に多い樹木
❹ 魅力 新緑、実、枯れ枝

開花後、すぐに実になって秋までぶら下がっている

幹がスッと伸びるので
2 mでの出荷も可能

販売実績

（円 / 本、cm）

	1月	2月	3月	4月	5月	6月	7月	8月	9月	10月	11月	12月
単価	150			144	200	180	121		10			
長さ	180			100	200	160	160		120			
魅力	枯れ枝			新緑	実	実	実		実			

最高値 200 円 / 本（2023 年 5 月 15 日 200cm 10 本束）

ぶら下がる実がチャームポイント

関東地方の里山では、コナラに並びシデの仲間、特にアカシデが多く見られます。ナラ類に比べて葉が小さいので、若葉はとりわけかわいらしいです。新緑の枝が代表的な枝物ですが、かさぶたをたくさん重ねたような特徴的な形の実も、一部の華道家にとっては「ぜひ使いたい枝物」になります。春から秋まで実をつけているので、どんどん出荷してポピュラーな花材に育てたいところです。

よく枝分かれすることから、枝の広がりが引き出せるように多少長めに切るのがおすすめです。近縁のクマシデ【熊四手】（カバノキ科クマシデ属）もホップのような大きな実をつけるので、これまたおもしろい花材になります。

シデ類は腐朽菌《ふきゅうきん》にとても弱く、木の根元が腐っていることがあります。元気そうな大きい木であっても、ある日突然倒れたりするので十分注意してください。なお、大木が倒れたときは、枝や実、幹に巻きついていた蔓（つる）、貴重なヤドリギなどが収穫できることがあります。ピンチをチャンスに変えましょう。

ウリカエデ【瓜楓】

❶ 分類　ムクロジ科カエデ属
❷ 生息地　本州（青森県）～九州
❸ 特徴　樹高10ｍ弱の落葉小高木。カエデらしくない瓜形の葉
❹ 魅力　花、実、紅葉（雌雄異株）

花から実物、紅葉までこなす「芸達者」

細く伸びた枝先を傷めないように注意

販売実績　　（円 / 本、cm）

	1月	2月	3月	4月	5月	6月	7月	8月	9月	10月	11月	12月
単価				120	150	150	33	49	30	120	60	
長さ				140	120	160	100		140	150	140	
魅力				花	花	実	実		実	紅葉	紅葉	

最高値150円 / 本（2022年5月9日 120cm 10本束）
最高値150円 / 本（2023年6月12日 160cm 10本束）

釣り竿のように長い枝先が人気

カエデといえば、いわずもがな「紅葉」です。風光明媚《ふうこうめいび》な渓谷の秋を彩るイロハモミジやイタヤカエデなどは、残念ながら里山にはあまり多くありません。私が枝物を採取している山でそれらより多く生えているのがウリカエデです。

名前が似ているウリハダカエデと混同されますが、樹皮の模様は似ているものの、葉がウリハダカエデよりずっと小さいのが特徴です。形もカエデの語源であるカエルの手のような深い切れ込みはなく、3裂もしくは洋ナシのようなツルンとした形をしています。派手さはありませんが、1本の木で赤や黄色、紫といった複雑な紅葉を見せてくれたり、プロペラ形の実を多数つけたりと、なかなか芸達者な価値ある樹種です。

ウリカエデは、枝の先端が釣り竿を伸ばしたようにスッと長くなることが多く、特に生け花ではこの長い枝先が好まれます。出荷の際は、先を折らないように注意しましょう。ましてや梱包するためにわざわざ切り落とす必要はありません。

ウリハダカエデ【瓜肌楓】

❶ 分類　ムクロジ科カエデ属
❷ 生息地　本州（東北地方）〜九州
❸ 特徴　樹高 10 m程度の落葉小高木
❹ 魅力　花、実、紅葉。雌雄異株、雌木は花から紅葉まで商品に

2 mほどでも出荷できるが折れないように慎重に

オレンジの紅葉はすぐに茶色に変わってしまう

販売実績　（円 / 本、cm）

	1月	2月	3月	4月	5月	6月	7月	8月	9月	10月	11月	12月
単価				150	200	200	13				40	
長さ				180	180	180	120				150	
魅力				花	実	実	実				紅葉	

最高値 200 円 / 本（2023 年 5 月 15 日 180cm 10 本束）
最高値 200 円 / 本（2023 年 6 月 5 日 180cm 10 本束）

シカに強く推し要素が多い注目株

瓜のような樹皮をしたウリハダカエデは、近縁のウリカエデより葉がずっと大きく、3裂もしくは5裂がハッキリとしています。紅葉を期待したいところですが、ウリハダカエデの紅葉はすぐに茶色になってしまい、あまり美しいとはいえません。それよりは5月に実をつけ始めるので、秋を待つことなく5、6月に実物として出荷するほうが賢明です。

ウリハダカエデは、シカにほとんど食べられないという特徴を持っています。そのためシカの食害が多い林分でも生き残るので、枝物として収穫することが可能です。近い将来、造林樹種の仲間入りをして、より身近な樹種になってくるものと思われます。

幹が成長すれば、木材として貴重なカエデ材となるばかりでなく、樹液を50分の1くらいに煮詰めれば、自家製のメープルシロップをつくることもできます。このように、ウリハダカエデはたくさんの推しの要素がある、今後注目すべき優良株の一つです。

エゴノキ【野茉莉】

❶ 分類　エゴノキ科エゴノキ属
❷ 生息地　北海道（南部）〜九州
❸ 特徴　樹高 10 m程度の落葉小高木。姿勢がとてもよく、真っ直ぐに伸びる
❹ 魅力　新緑、一斉に咲く白い花、実

白い花が満開！
でも、こうなる前に
出荷しましょう

束ねる前に下のほう
の不要な枝は落とす

販売実績　（円 / 本、cm）

	1月	2月	3月	4月	5月	6月	7月	8月	9月	10月	11月	12月
単価				300	200		200		13			
長さ				180	120		180		160			
魅力				新緑	花		実		実			

最高値 300 円 / 本（2021 年 4 月 19 日 180cm 10 本束）

春の野山を最も白く華麗に彩る

新緑が終わった里山を白くデコレーションしてくれるのがエゴノキの花。釣《つり》鐘《がね》状の小さな花が垂れ下がるように咲き乱れ、花粉や蜜を求めて虫たちもたくさん集まってきます。英名は「スノーベル」、まさに雪の鐘です。この花がよく咲くのは、林縁など日当たりのよい場所で枝を横に張ることができた幹です。かわいそうなことに周囲の木々と競い合っているヒョロヒョロの幹には花がつきません。

枝物としての採取の適期は、花が咲き始める5月ですが、開花時期がとても短いため、花物で上手に出荷するのは難しいかもしれません。

花が終わった後のラグビーボール形の実は、野鳥のヤマガラの好物で知られます。この実を包む白毛の密生した果皮にはサポニンという洗剤のような成分が含まれており、実つきの枝をバケツに挿しておくと、水が泡立つことがあります。ただし、サポニンは魚にとっては有毒なので、魚を飼っている人はこの水が池や水槽に入らないように注意しましょう。

アセビ
【馬酔木】

❶ 分類　ツツジ科アセビ属
❷ 生息地　本州（東北地方南部）〜九州
❸ 特徴　樹高３m程度の常緑低木。
東日本では境界として植えられる
❹ 魅力　葉。フラワーアレンジメントでは名脇役。洋風にも使える

長い枝の採取は難しいので、
１m程度で出荷

冬でも艶のあるテカテカした葉が目立つ

販売実績　（円 / 本、cm）

	1月	2月	3月	4月	5月	6月	7月	8月	9月	10月	11月	12月
単価	100	200									54	250
長さ	100	80									100	130
魅力	葉	葉									葉	葉

最高値 250 円 / 本（2020 年 12 月 25 日 130cm 10 本束）

光る緑の葉は一年中使える名脇役

アセビは、森林の境界として植えられることが多い常緑の低木です。厚みのある葉は冬でも緑色なので、緑が少ない時期の一本物またはアクセントとして重宝されます。またフラワーアレンジメントでは、根元のスポンジを見せないようにする「ベース隠し」として使われるなど、年間を通して安定した需要があります。

花は、ツツジ科らしく白い釣鐘形。私はまだ花物を出荷したことがありませんが、おそらく商品価値は高いはずです。「馬酔木」と書くように、馬が酔うほどの特殊な成分を持っているので、シカの生息地でも食害を受けることはほとんどありません。ウリハダカエデと同様に、シカ被害地では今後ますます注目されてくると思われます。

耐陰性が高い樹種ですが、日陰に育つアセビは病虫害で葉が傷んでいることが多く、商品には向きません。もし林内が暗い場合は、周囲の樹木の枝打ちなどを行なって、ある程度日が当たる環境に改善してあげましょう。

コラム③

触ると危険な植物

山で採取する際、特に注意しなければならない危険な植物が、ヤマウルシ【山漆】（ウルシ科ウルシ属）やヤマハゼ【山櫨】です。人によっては、少し触れただけでひどい炎症を起こすことがあります。

ウルシ類は色彩がとても見事で、なかでも真っ赤な紅葉でひと際目を引くのが、ツタウルシ【蔦漆】です。木に巻きつく紅葉が美しいツタで、葉がミツバアケビのように３枚だったら、このツタウルシを疑うべきです。誤って出荷すれば、流通関係者や購入者にも迷惑をかけてしまうので、よく覚えておきましょう。

また、日本三大有害植物の一つに挙げられるドクゼリ【毒芹】（セリ科ドクゼリ属）にも注意が必要です。全体に毒があって食べると危険なだけでなく、皮膚にこすれただけでも炎症を起こす場合があります。ドクゼリは湿地に多く分布し、シシウドやハナウドと似たレースのような白い花が特徴です。識別が難しいので、湿地で白いウドのような花を見つけても近寄らないのが賢明です。

草本では、道端などで黄色い花を咲かせているクサノオウ【草黄、草王】（ケシ科クサノオウ属）に気をつけましょう。黄褐色の汁は有毒で、炎症を起こした例が数多く報告されています。さらに危険性が高いのが、カエンタケ【火炎茸】（ニクザキン科ツノタケ属もしくはボタンタケ科トリコデルマ属）。地面からニョキニョキと伸びるユーモラスな姿は、何これ？ と思わず触りたくなりますが、火遊びは絶対に止めてください。燃えるような炎症を起こしますよ。

幸いわが国には生育していませんが、近年、海外で問題になっているのが、ジャイアント・ホグウィード【バイカルハナウド】（セリ科ハナウド属）という、人の背丈を軽々と超える大型の草です。ハナウドに似たレースのような美しい花を咲かせますが、近づいてはいけません。もし樹液が皮膚に付着しようものなら重度の火傷の症状を起こすことは必至だそうです。この悪魔の植物が、わが国を侵略し始めないことを祈ります。

紅葉が美しいツタウルシ

クサノオウ

カエンタケ

ガマズミ
【莢蒾】

❶ 分類　ガマズミ科ガマズミ属
❷ 生息地　日本全国
❸ 特徴　樹高２～３ｍの落葉低木
❹ 魅力　芽吹き、花、実。摘葉したほうが高く売れる

カマズミより大きな実をつけるミヤマガマズミ

葉をすべて落とした実物が最も高く売れる

販売実績　（円 / 本、cm）

	1月	2月	3月	4月	5月	6月	7月	8月	9月	10月	11月	12月
単価				250	100				102	250		
長さ				160	100				120	140		
魅力				芽吹	花				実	実		

最高値 250 円 / 本（2021 年 4 月 16 日 160cm 10 本束）
最高値 250 円 / 本（2020 年 10 月 2 日 140cm 10 本束）

赤い実が人気　摘葉で高値をねらう

　ガマズミは里山にごく普通に自生し、芽吹き、白い花、そして赤い実と、どれも美しく十分商品になります。また、大木にはならないことから枝の採取が容易であるなど、まさに枝物の優等生です。

　開花が始まる5月に採取したくなるところですが、この花の一部は秋に魅力的な赤い実になることから、実物も出荷するのであれば、春の収穫はある程度我慢しなくてはなりません。

　秋には緑の葉が紫に近い茶色の紅葉に変わります。生け花ではこの独特の紅葉が人気なので、紅葉が美しい枝はできれば実つきの葉物として出荷するのが望ましいです。一方、葉があまり綺麗でない枝は、葉をすべて取ってしまい、赤い実だけの実物として出荷しましょう。

　なお、稀に近縁のミヤマガマズミ【深山莢蒾】も生えます。葉のつき方がガマズミほど密生せず、実が大きいことからとても上品で優雅さが感じられます。ガマズミ同様に花も魅力的ですが、より高値となる実物での出荷をおすすめします。

オトコヨウゾメ
【男莢蒾】

❶ 分類　ガマズミ科ガマズミ属
❷ 生息地　日本全国
❸ 特徴　樹高１〜３mの落葉低木
❹ 魅力　新緑がチャーミング、紅葉

若葉がとてもかわいい。
けど紅葉も捨てがたい（S）

幹が細ければ20本で1束に

販売実績　（円 / 本、cm）

	1月	2月	3月	4月	5月	6月	7月	8月	9月	10月	11月	12月
単価				300							150	
長さ				100							180	
魅力				新緑							紅葉	

最高値300円 / 本（2021年4月16日 100cm 10本束）

ユニークな紅葉の七変化が名前の由来？

オトコヨウゾメもガマズミの仲間。名前の由来は「ヨウゾメ」がガマズミを指し、実が食べられないので「男」をつけたという解説が多いですが、男が酔って染まった「男酔う染め」だという人もいます。私もこの楽しい解釈に賛成です。

「染め」は紅葉の色に由来しており、オトコヨウゾメは珍しいことに乾燥した場所では葉が黒くなることがあります。それ以外にも黄色や赤の紅葉もあれば、１本の木の葉がいろいろな色になることもあるなど、とてもユニークな特徴があります。酔った男の顔が、赤くなったり黄色になったり、最後は泥のように黒くなるので男酔う染め。そんなふうに名前を覚えるのはいかがでしょう。このにぎやかな紅葉は毎年見られるわけではなく、年によっては不発に終わることから、当たり年にどんどん出荷しておきましょう。

小さくて可憐な芽吹きも隠れた人気者ですが、水揚げが悪く、すぐに縮れてしまうことがあるので、出荷の際には注意が必要です。

コナラ【小楢】

❶ 分類　ブナ科コナラ属（別名：ホウソ）
❷ 生息地　日本全国
❸ 特徴　樹高 10 m以上の落葉高木
❹ 魅力　銀色に光る新緑、稀に赤くなる紅葉

見事な紅葉。数年に一度の当たり年

春の青空にとても似合う若葉。
稀に金色に光る木もある

販売実績　　（円 / 本、cm）

	1月	2月	3月	4月	5月	6月	7月	8月	9月	10月	11月	12月
単価				150	102						126	
長さ				180	160						160	
魅力				新緑	新緑						紅葉	

最高値 150 円 / 本（2021 年 4 月 19 日 180cm 10 本束）

若木の新緑と紅葉を枝物にする

コナラは里山で最も一般的な広葉樹です。伐られても伐られても、そのたびに何度も再生してくるので、昭和の中頃までは燃料や肥料、飼料など日本の農山村ではとても重要な樹種でした。１９５９（昭和34）年発行の『原色日本樹木図鑑』には、「多くは刈りとって薪とするので低木状になっているが、伐らなければ高木になる」とあります。当時はわざわざ「高木になる木」と説明しなくてはならないほど、コナラはいつも伐採・更新されていた木だったのです。

新緑と紅葉が枝物になります。春は黄緑色の若葉がとてもかわいらしく、光の当たり方で金色にも銀色にも見えます。生まれたての若葉の状態は、ほんの1週間程度ととても短いので採取のタイミングを逃さないようにしましょう。また稀に紅葉が鮮やかに赤くなる年もあるので、このような年にはどんどん出荷します。

なお、大木の枝を採取するのはたいへんなので、萌芽やドングリから発生してきた若木をうまく活用するようにします。

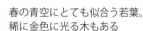

ミズキ
【水木】

❶ 分類　ミズキ科ミズキ属
❷ 生息地　日本全国
❸ 特徴　樹高 10 ～ 15 mの落葉高木
❹ 魅力　新緑、紅葉、実

生け花の隠れた人気者「新緑のミズキ」

多くは葉が互い違いに生える「互生」。対になる「対生」も時々あるが、ミズキのように輪になって生える「輪生」の木は珍しい

販売実績　（円 / 本、cm）

	1月	2月	3月	4月	5月	6月	7月	8月	9月	10月	11月	12月
単価				150	80			86	200			
長さ				150	140			140	160			
魅力				新緑	新緑			実	実			

最高値 200 円 / 本（2021 年 9 月 6 日 160cm 10 本束）

変幻自在の実が推しだが当たり年とはずれ年がある

　ミズキは里山の林縁部でよく見る樹種です。とても大きくなるので、若いうちでないと葉を採取するのに難儀します。輪生という変わった葉のつき方をする木で、車軸のように1カ所から放射状に枝を張ったのち、幹をスッと伸ばし、1年後にまた枝を張るという成長をします。枝と枝の間のスッと伸びた幹は無節で加工しやすいことから、こけしなどの木工品の素材としてよく使われます。

　枝物としては、新緑がみずみずしくさわやかです。多くの場合、紅葉はさほど色づきませんが、木によっては独特の茶色に染まることがあり、この場合は商品価値があります。

　注目すべきは実です。この実の色を言葉で表現するのはとても難しく、最初は緑や白ですが、次第に赤や紫になり、熟すと黒になります。このように色とりどりなので、そのおもしろさを売りにしましょう。ただし、実がなる＝花が咲くのは隔年が多いので、豪《ごう》華《か》絢《けん》爛《らん》な当たり年と、じっと我慢のはずれ年があります。

コアジサイ

【小紫陽花】

❶ 分類　アジサイ科アジサイ属
❷ 生息地　本州（関東地方）〜四国
❸ 特徴　樹高1m程度の落葉低木
❹ 魅力　質素な花、実

「元気でな！ 下を向くなよ！」
と送り出す

質素な花は昔から貴重な花材。ただし、水揚げが難しい

販売実績

（円 / 本、cm）

	1月	2月	3月	4月	5月	6月	7月	8月	9月	10月	11月	12月
単価					142	43				100		
長さ					100	80				90		
魅力					花	花				実		

最高値 142 円 / 本（2022 年 5 月 23 日 100cm 10 本束）

天然枝物のアジサイ 質素という言葉が似合う花が魅力

ご存じの通り、アジサイにはいろいろな品種がありますが、そのほとんどは園芸品種で里山には自生しません。天然枝物になるアジサイとすればコアジサイが挙げられます。やや乾いた山腹の斜面に多く咲き、時として群落になります。ヒノキの人工林にも生えますが、間伐がされていない暗い林分には少ないことから、コアジサイの生育状況を林内照度の目安にする林業家もいます。

梅雨の時期に、質素という言葉がとても似合う花を咲かせます。また、落ち着いた黄色に変わる紅葉は「シバアジサイ」と呼ばれる人気者であるなど、花材として高い需要があります。

コアジサイは水揚げが非常に悪く、採取後すぐに水に浸けても多くが萎れてしまうという欠点があります。水揚げの仕方が未熟な私は花の出荷は控えて、晩秋に葉を取って実だけにし、ドライフラワーのようにして出荷します。それでもちゃんと売れるのですから、コアジサイのファンはとても多いことがうかがえます。

イロハモミジ
【伊呂波紅葉】

❶ 分類　ムクロジ科カエデ属
❷ 生息地　本州（東北地方南部）～九州
❸ 特徴　樹高 10 m弱の中高木
❹ 魅力　紅葉、新緑も妙味

大木の下でも生育する
貴重な枝物

紅色だけでなく、黄色
に紅葉することも（S）

販売実績　（円 / 本、cm）

	1月	2月	3月	4月	5月	6月	7月	8月	9月	10月	11月	12月
単価				100							204	
長さ				180							180	
魅力				新緑							紅葉	

最高値 204 円 / 本（2020 年 11 月 23 日 180cm 10 本束）

紅葉の代表だが赤い新緑も見逃すな

　里山の紅葉といえば、名前の通り「モミジ」がその筆頭です。なかでも葉の形が典型的で、赤く紅葉するイロハモミジは代表格といえます。モミジの仲間の多くは実がプロペラのような形で、地面に落ちるときは、その翼を使ってクルクル回りながら時間をかけて落ちていきます。遠くまで飛ぶために、必死に努力しているそのかわいい姿を見れば、子どもはもちろん、大人だって笑顔になってしまうのではないでしょうか。

　このように、モミジの仲間は葉の形や色の変化だけでなく、実が持つ特徴もまた人を引きつける花材なのです。さらに新緑も魅力的です。紅葉は年によって当たりはずれがありますが、新緑は毎年安定した美しさを見せてくれます。ぜひ、出荷を検討してみましょう。

　ただモミジの仲間は全般に日持ちが悪く、綺麗な枝を採ったつもりでも、一晩で残念な姿になってしまうことが多々あるので、水揚げを十分に行なうようにしてください。

2 商品になる季節が限られる樹種

(1) 春に売れる樹種

ホオノキ

【朴木】

❶ 分類　モクレン科モクレン属
❷ 生息地　日本全国
❸ 特徴　樹高 10 m以上の落葉高木
❹ 魅力　「十二単」のような芽吹き

大木の根元からたくさんの萌芽。採取には持ってこい

十二単を脱ぐような魅力的な芽吹き。このくらいが採取するタイミング

販売実績　（円 / 本、cm）

	1月	2月	3月	4月	5月	6月	7月	8月	9月	10月	11月	12月
単価			28	250								
長さ			140	150								
魅力			芽吹	芽吹								

最高値 250 円 / 本（2023 年 4 月 10 日 150cm 10 本束）

この木が芽吹き始めたら、春本番

ホオノキは葉がとても大きく、大木になります。他の植物の生育を阻害するアレロパシーという作用があるため、ホオノキの根元にはこの木の葉だけがカーペットを敷いたように一面に落ちていることが多いことから、多種が混生する林分でもよく目立ちます。

早春の冬芽から新緑に移り行く芽吹きの様子が、まるで十二単《じゅうにひとえ》を脱ぐような、とか、天使が羽を広げるような、などと表現されるように、とても優雅で神秘性すら感じる美しさです。この時期のホオノキの枝物は高値になるのでたくさん出荷したいところですが、若葉の展開はほんの数日で終わってしまうので日々の観察がとても重要です。また、収穫も丁寧に行なわないと、新芽がポロリと落ちてしまいます。そんなときは、こちらも涙がポロリと落ちる気分です。

大きな葉を活かした大胆な構図の生け花も見たことがあるので、芽吹き以外でも商品になるかもしれません。朴葉焼きには欠かせない木の葉ですので、そちらでの販路も検討に値します。

コシアブラ【漉油】

❶ 分類　ウコギ科モクレン属
❷ 生息地　日本全国
❸ 特徴　樹高5～15 mの落葉小高木
❹ 魅力　芽吹き。天ぷらやお浸しに

花材であり、山菜の女王でもある。生け花の後は天ぷらでどうぞ（S）

枝が硬く、無理に束ねると折れてしまうので注意

販売実績　（円 / 本、cm）

	1月	2月	3月	4月	5月	6月	7月	8月	9月	10月	11月	12月
単価				150	120							
長さ				120	170							
魅力				芽吹	芽吹							

最高値 150 円 / 本（2024 年 4 月 24 日 120cm 10 本束）

山菜の女王は花材の女王でもある

タラノキ（ウコギ科タラノキ属）と並ぶ人気者で、山菜の女王と呼ばれるコシアブラは、新芽が展葉する直前、つまり山菜としての最適期の芽吹きが枝物になります。

タラノキの仲間は水耕栽培ができるので、山菜泥棒が多い地域では展葉する前に採取して水に挿しておき、丁度よい時期に出荷するという栽培的な方法が合っているかもしれません。生け花にして観賞した後には、食べて楽しんでもらいたいものです。なお、水耕栽培の水温は少し温かめの15℃くらいにするとよいとされます。水が汚れたらこまめに取り替えるようにしましょう。

タラノキは太くはなりませんが、コシアブラは成長すれば木材としても有用になります。油分が含まれているので水に強く、まな板の材料になる他、柔らかくて加工しやすい材質から、山形県の民芸品「お鷹ぽっぽ」や福岡県の「木《き》うそ」など、彫刻を施す小物製品の材料に適しています。山づくりとしては、一部を高木にまで育てるのがよいと思います。

ヤマツツジ

【山躑躅】

❶ 分類　ツツジ科ツツジ属
❷ 生息地　日本全国
❸ 特徴　樹高２〜３ｍの落葉低木
❹ 魅力　新緑、花、葉、枝ぶり

下のほうには枝がつかないことから、束ねるのは簡単

野趣に富む自然なたたずまいが魅力的

販売実績　（円 / 本、cm）

	1月	2月	3月	4月	5月	6月	7月	8月	9月	10月	11月	12月
単価				56	120		200					
長さ				140	120		150					
魅力				新緑	花		葉					

最高値 200 円 / 本（2024 年 7 月 17 日 150cm 10 本束）

花もいいが新緑の葉がおすすめ

ヤマツツジは全国の山野に自生します。明るい林分、特にアカマツ林の林床に多く、春先に朱色の花を咲かせます。この花も枝物になりますが、採取のタイミングが難しいです。それよりは花の後に現われる新緑や夏の葉を出荷するほうがずっと簡単です。幹が単調な木よりクネクネ曲がっていたり、細かく枝分かれした枝ぶりのほうが好まれます。

ツツジの仲間は枝物として価値が高い種類がたくさんあり、なかでも質素な紅葉が魅力的なナツハゼ【夏櫨】（ツツジ科スノキ属）やネジキ【捩木】（同ネジキ属）、バイカツツジ【梅花躑躅】（同ツツジ属）などは、いずれも人気が高い樹種です。

また、葉が小さく可憐なドウダンツツジ【満天星躑躅】（同ドウダンツツジ属）は新緑のインテリアグリーンとして不動の地位にあります。私が借りている山には、ドウダンツツジが自生していないので販売したことはありませんが、枝ぶりがよければ1本1000円くらいになると聞きます。うらやましい次第です。

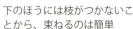

ニワトコ
【接骨木、庭常】

❶ 分類 スイカズラ科ニワトコ属
❷ 生息地 日本全国
❸ 特徴 樹高２～５ｍの落葉低木
❹ 魅力 新緑。天ぷらにも

ブロッコリーに似た形の地味な蕾が、数日で華やかな白い花に変わる

花つきの魔法の枝が何本採れるかな

販売実績　（円 / 本、cm）

	1月	2月	3月	4月	5月	6月	7月	8月	9月	10月	11月	12月
単価					48							
長さ					100							
魅力					新緑							

最高値 48 円 / 本（2022 年 5 月 2 日 100cm 10 本束）

花材にしたら魔法の力を発揮するかも

若葉が山菜として人気があるニワトコ。生薬でもあり、枝や葉を煎じた液が骨折した際の炎症を抑える効用があるので、「接骨木」と書くとされます。

現代では、この木を薬として使うことはほとんどなくなりましたが、新緑や白い花は枝物になるので、これからは花材としてがんばってもらいましょう。と思っていたら、国立科学博物館のサイトには「新芽と同時に黄色がかった白い小さな花がたくさん集まって咲く。花は生け花の材料になる」と紹介されていました。これからどころか、歴とした花材だったようです。失礼しました。

なお、ニワトコの木は杖に使われることがあり、あのハリーポッターの杖もニワトコだったそうです。ただハリーが持っていたのは長さが38㎝とのことなので、杖というよりは指揮棒といった感じでしょうか。いずれにせよ、ニワトコを全国高校生花いけバトル（18ページ）の花材にしたら、ハリーポッターばりの魔法の力を発揮してくれそうですね。

コゴメウツギ
【小米空木】

❶ 分類　バラ科コゴメウツギ属
❷ 生息地　日本全国
❸ 特徴　樹高１～２ｍの落葉低木
❹ 魅力　花、葉、紅葉（黄色）

幹の中心が空洞なので、締めつけ過ぎないように注意

葉の色が稀に黄金色になることもある

販売実績　（円 / 本、cm）

	1月	2月	3月	4月	5月	6月	7月	8月	9月	10月	11月	12月
単価					200	120				10		
長さ					180	170				130		
魅力					花	葉				紅葉		

最高値 200 円 / 本（2023 年 5 月 15 日 180cm 10 本束）

トゲがないので採取が簡単 黄金色が生えていることも

　ウツギと名のついた樹木はたくさんありますが、枝物に使われるものはそう多くはありません。最も身近な樹種の一つがコゴメウツギです。春にコゴメ（小米）のような白い花をたくさん咲かせるので、この時期には商品にすることができます。小米とは「小さな米」かと思ったら、砕けた米のことでした。確かにコゴメウツギの花は、長い5枚の花弁と短い5枚のがくが交互に並んでいるので、遠目には丸ではなく砕けてとがったような感じに映ります。この他にも、茎が赤くなったり、葉が黄金色に光ったりする個体があるなど、おもしろい特徴を持っています。

　姿かたちがモミジイチゴ【紅葉苺】（バラ科キイチゴ属）に似ていますが、コゴメウツギにはトゲがなく、成長も素直で株立ちすることから、容易に採取することができます。ただウツギ（空木）というだけあって、幹の中心部はスカスカです。強く持つとつぶれてしまうので、優しく扱いましょう。

出版案内

2024・11

農家が教える　枝もので稼ぐコツ

農文協　編●1980 円（税込）978-4-540-23169-8

ヤナギやアカシアなど庭や裏山で目にしている枝ものが、町の生花店や直売所で大人気。山採りもよし、栽培しても比較的簡単。苗のつくり方から出荷方法などを、枝ものの種類別（52 品目）に紹介。

ナタ１本ではじめる「里山林業」　978-4-540-24140-6

農文協　〒335-0022 埼玉県戸田市上戸田2-2-2
https://shop.ruralnet.or.jp/
(一社)農山漁村文化協会　TEL 048-233-9351　FAX 048-299-2812

農家が教える 農家の土木
バックホーを使いこなす 道路・水路・田んぼを直す 豪雨に備える

農文協 編

978-4-540-22156-9

●1760円

道路、水路のちょっとした補修は自分でやった方が安い、早い、勝手がいい。農家の小さな土木工事基礎講座。コンクリートやバックホーの使い方から、コンクリ舗装や水路の水漏れ修理のやり方、田んぼの合筆まで収録。

図解 誰でもできる 石積み入門

真田純子 著

978-4-540-17182-6

●2970円

コンクリートやモルタルを使わない「空石積み」はエコで持続可能な技術。崩した石を積み直せば地域資源が循環する。口伝の技を気鋭の女性研究者がわかりやすく解説。石積み技術を広く継承していく仕組みも提案する。

農家が教える 軽トラ&バックホー

農文協 著

978-4-540-18159-7

●1980円

軽トラとバックホーの基本から選び方、作業がラクになる裏技、アイデア器具までを紹介。軽トラは積み下ろしをラクにする器具やぬかるみ脱出術、ロープワークなど。バックホーは操作方法や各種アタッチメントなど。

小さい林業で稼ぐコツ
軽トラとチェンソーがあればできる

農文協 著

978-4-540-17158-1

●2200円

「山は儲からない」は思い込み。自分で切れば意外とお金になる。そのためのチェンソーの選び方から、安全な伐倒法、間伐の基本、造材・搬出の技、山の境界を探すコツ、補助金の使い方まで楽しく解説。

小さい林業で稼ぐコツ2
裏山は宝の山、広葉樹の価値発見

農文協 編

978-4-540-21218-5

●2200円

水裏山の「雑木」には知られざる値打ちがある。お宝広葉樹の探し方から、樹種ごとの売り方・活かし方、針葉樹の伐倒・搬出の工夫まで。『季刊地域』『現代農業』で好評の記事を収めた「小さい林業で稼ぐコツ」第2弾。

山で暮らす愉しみと基本の技術

大内正伸 著

978-4-540-08221-4

●2860円

木の伐採と造材、小屋づくり、石垣積みや水路の補修、囲炉裏の再生など山暮らしで必要な力仕事、技術の実際を詳細なカラーイラストと写真で紹介。本格移住、半移住を考える人、必読。山暮らしには技術がいる！

どんな木も生かす山村クラフト
小径木、曲がり材、小枝・剪定枝、風倒木を副業に

時松辰夫 著

978-4-540-20113-4

●2530円

半割丸太工法とプレポリマー木固め法により一人一芸、裏作工芸で林業と木工の出会いによる地域資源活用を提唱した著者の山村クラフト実践活動の集大成。60余の作品も掲載。

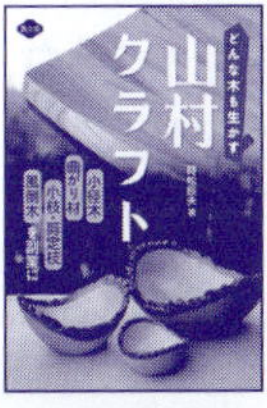

スギと広葉樹の混交林
蘇る生態系サービス

清和研二 著

978-4-540-21158-4

●2750円

スギ人工林の強度間伐が水質浄化、洪水防止など生態系サービスを著しく向上させるメカニズムを、硝酸態窒素や根量などの詳細実証的に解明。スギ天然林のような広葉樹との混交林化がもたらす価値と方法を大胆に提言。

雑誌

創刊 100 年　**★農家がつくる 農業・農村の総合誌**

現代農業

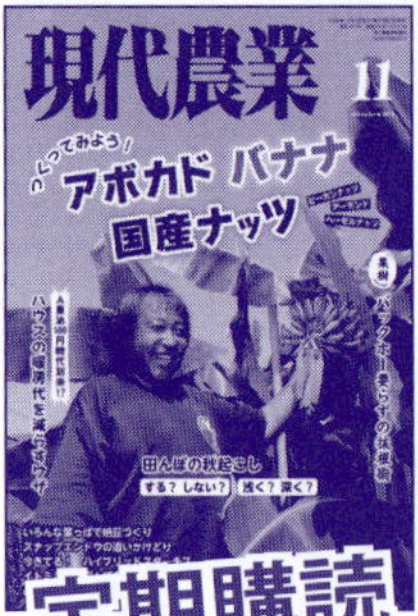

定期購読
をおすすめします！

- A5 判、平均 290 頁　● 定価 1,100 円（税込）
- 年間購読料 13,200 円（税込） / 年 12 冊

全国の農家の知恵と元気を毎月発信しています。減農薬・高品質の栽培・新資材情報や、高齢者・女性にもできる小力技術・作業改善のための情報や、直売所や定年帰農などの新しい動きを応援する雑誌です！

＜最近のバックナンバーの特集記事＞

2024 年 11 月号●つくってみよう！　アボカド、バナナ、国産ナッツ
2024 年 10 月号●ここまでわかった！　共生菌の力
2024 年 9 月号●ブロッコリーづくりを１０倍楽しむ方法
2024 年 8 月号●激夏を迎え撃つ　農家の液体資材
2024 年 7 月号●地球沸騰化時代の夏　かん水のノウハウ
2024 年 6 月号●吸汁ゲリラ　カメムシ　叩き方＆活かし方
2024 年 5 月号●土に還るマルチ　最新情報
2024 年 4 月号●持続可能すぎる資源 竹活で竹やぶ減らし

●『現代農業WEB』 公式サイト⇒https://gn.nbkbooks.com/

◎当会出版物はお近くの書店でお求めになれます。
直営書店「農文協・農業書センター」もご利用下さい。
東京都千代田区神田神保町 3-1-6 日建ビル 2 階
TEL 03-6261-4760　FAX 03-6261-4761
地下鉄・神保町駅 A1 出口から徒歩 3 分、九段下駅 6 番出口から徒歩 4 分
（城南信用金庫右隣、「珈琲館」の上です）
平日 10:00 ～ 19:00　土曜 11:00 ～ 17:00　日祝日休業

コラム④

ブルーベリーのせん定枝でひと稼ぎ

おいしい果実として人気のブルーベリーは、知っての通り、紅葉がとても美しく、庭木としての価値もあります。

ブルーベリー生産者は通常、秋から冬にかけて、次の年の実のなる量を調整し、樹勢を保つためにせん定作業を行なっており、たくさんのせん定枝が発生することがあります。これがちょうど紅葉の時期に当たれば……むふふ、宝の枝です。

私も知り合いにブルーベリー農家がいるので、毎年10月になるとせん定作業の手伝い？をして、切った枝をたくさんいただいてきます。私は、それを1m程度の長さに切りそろえ、10本で1束にして花き市場に出荷します。長ければ長いほど、ボリュームがあればあるほど値段が上がり、高値のときは1束2500円になったこともあります。

なかには、夏の期間に込み過ぎた枝の間引きを兼ね、実をつけた状態で「実物《みもの》」として出荷している生産者もいるそうです。見るだけでなく「食べられる生け花」もおもしろそうですね。

販売実績 （円/本、cm）

	1月	2月	3月	4月	5月	6月	7月	8月	9月	10月	11月	12月
単価										220	250	
長さ										100	140	
魅力										紅葉	紅葉	

最高値250円/本（2022年11月2日 140cm 10本束）

ブルーベリー【藍苺】
ツツジ科スノキ属の落葉低木　樹高1.5～3m。
日本全国で栽培可能

1mほどの長さにそろえ、10本ずつ結束

モミジイチゴ【紅葉苺】

❶ 分類 バラ科キイチゴ属（別名：キイチゴ）
❷ 生息地 本州〜九州
❸ 特徴 樹高１〜２ｍの落葉低木
❹ 魅力 黄色い実（食べられる）

さほどおいしいわけではないが、見つけるとなぜかうれしい

実がついていることがわかるよう、うまく梱包しましょう

販売実績 （円 / 本、cm）

	1月	2月	3月	4月	5月	6月	7月	8月	9月	10月	11月	12月
単価					120	180						
長さ					160	120						
魅力					実	実						

最高値 180 円 / 本（2023 年 6 月 5 日 120cm 10 本束）

トゲさえ我慢すれば厄介者を商品にできる

モミジイチゴやニガイチゴ、クマイチゴなど、トゲのあるイチゴ類はトゲトゲが痛くて、山では最も嫌われる樹種といっても過言ではありません。林業関係者に「イチゴ類は切らないで」などと言おうものなら、間違いなく変人扱いされることでしょう。

生育も旺盛で人の背丈を超えることもあり、一度刈り払っても2、3カ月すればまた生えてきてしまう厄介者です。地下茎の生育が盛んで、上層が空いて光が当たるようになった場所を占領するスピードには感心させられます。

そんな木イチゴたちは、実がなる時期であれば枝物にすることができます。赤や黄色い実をたくさんつけた木イチゴは刈り払うのではなく、ぜひ「収穫」するようにしましょう。特にニガイチゴは葉が丸っこくてかわいいので、クマイチゴより高く売れます。出荷の際は、手で握る根元に近い部分のみトゲを落とし、1mほどの長さで切りそろえて20本程度の束にするのがよいと思います。

ノリウツギ
【糊空木】

❶ 分類　アジサイ科アジサイ属（別名ノリノキ）
❷ 生息地　日本全国
❸ 特徴　樹高3m程度の落葉低木
❹ 魅力　アジサイに似た白い花

アジサイに似た大きな花は
遠くからでもよく目立つ

次の年は、ここまで咲く
前に出荷するよう注意

販売実績　（円/本、cm）

	1月	2月	3月	4月	5月	6月	7月	8月	9月	10月	11月	12月
単価						50	60					
長さ						150	100					
魅力						花	花					

最高値60円/本（2021年7月5日100cm 20本束）

和紙の製造にも使われるお宝植物

アジサイの仲間にノリウツギという木があります。普通のアジサイの花が終わった頃、よく目立つ円錐形の細長いアジサイに似た花を咲かせます。このことから「夏紫陽花《なつあじさい》」とも呼ばれ、花が少なくなる夏場の貴重な花材となります。

咲き終わった花は、散ることなく冬まで枝先についたままで、やがてドライフラワーのようになります。これが意外と美しいので、商品にしてみる価値がありそうです。

ノリウツギの樹皮は縦に裂け、ヒノキのように剥がれやすい特徴があることから、葉が落ちた冬でもこの木を見分けることができます。「糊空木」と書くように内皮の粘液から糊《のり》が採れ、和紙の製造に使われたことからこの名がつきました。現代の和紙にはトロロアオイという植物の糊が使われるのが一般的ですが、この木の糊が入った古来の和紙も国宝や重要文化財などの修理には不可欠だそうです。

粗末に扱うことなく大切に増やしておけば、近い将来、大量注文が舞い込むお宝植物になるかもしれません。

コマツナギ【駒繋】

❶ 分類 マメ科コマツナギ属
❷ 生息地 日本全国
❸ 特徴 樹高1m弱の落葉低木。ヤマハギより葉が小さい
❹ 魅力 ピンク色の小さな花

一見咲き過ぎのようだが、次の日には先に近い蕾が開花する「一日花」

幹が細いので30本くらいで束ねることも可能

販売実績 (円/本、cm)

	1月	2月	3月	4月	5月	6月	7月	8月	9月	10月	11月	12月
単価							50		15			
長さ							100		100			
魅力							花		花			

最高値50円/本(2022年7月25日100cm 20本束)

夏が花期 ピンク色の花を次々咲かせる

コマツナギや、その近縁で秋の七草に数えられるヤマハギ【山萩】(同ハギ属)は、山火事の後に真っ先に生えてくる植物として知られています。地中の随所にタネが眠っており、地表が燃やされてタネに熱が届くと発芽するのだそうです。

コマツナギもハギも、ピンク色の花を散りばめたように咲かせ、花一つひとつの寿命は短いものの、次から次へと咲くので、花期は比較的長く感じます。コマツナギの花期は夏で、ヤマハギは秋。「萩」という漢字は草冠に秋であり、秋を代表する植物なのです。

マメ科植物の多くは水揚げが悪く、出荷までに萎れてしまうことが多いのが現実です。私もハギたちを商品にしようと何度か試みましたが、なかなかうまくいきません。このことから、一度に大量に収穫して、結局そのほとんどが商品にならなかったなどということがないように、最初のうちは少しだけ採取して、出荷まで耐えられるものかどうか試してみたほうがよいと思います。

クリ【栗】

❶ 分類　ブナ科クリ属（別名ヤマグリ、シバグリ）
❷ 生息地　日本全国
❸ 特徴　樹高 15 m程度の落葉高木
❹ 魅力　開く前の小さな実（イガ）

モモクリ3年とはよくいったもの。3年で実をつけた若木

実物の代表格。イガがいとも簡単に落ちてしまうので丁寧に採取

販売実績　（円 / 本、cm）

	1月	2月	3月	4月	5月	6月	7月	8月	9月	10月	11月	12月
単価							20	153	100			
長さ							100	120	130			
魅力							実	実	実			

最高値 153 円 / 本（2022 年 8 月 29 日 120cm 10 本束）

付け実で一足先に秋を感じる枝物に

里山林の一般的な樹種であるクリは、周囲に大木がない場所でも、突然稚樹が生えてきます。おそらく動物に実を運んでもらっているのでしょう。成長がとても早い木で、すぐに枝を横に張って、辺りに降り注ぐ太陽の光を独占しようとすることから、枝打ちが必要です。そしてこの枝打ちは、9月頃までであれば打った枝を商品にすることも可能です。

「モモクリ3年」とはよくいったもので、幼齢のうちから実をつけます。実が大きな食用のクリは、さすがに生け花には向きませんが、里山に自生するヤマグリは実が小さく、夏の終わりには結実するので、一足先に秋を感じさせる枝物にすることができます。

ただこの実（イガ）はすぐに落ちてしまうことから、クッション材を巻いて出荷したり、付け実（糸などで実を縛りつけ、あたかもそこに実がついていたかのように見せる技法）用に、採れた実を袋に入れて添付するなど、いろいろ手間がかかります。

クサギ【臭木】

❶ 分類 シソ科クサギ属
❷ 生息地 日本全国
❸ 特徴 樹高２～５ｍの落葉中低木
❹ 魅力 野山で目立つ赤い「がく」

(3) 秋に売れる樹種

「この実が布を藍色に染める」などの話題にできる花材

葉を取って実物で出荷

販売実績

（円 / 本、cm）

	1月	2月	3月	4月	5月	6月	7月	8月	9月	10月	11月	12月
単価									150			
長さ									90			
魅力									実			

最高値 150 円 / 本（2023 年 9 月 20 日 90cm 10 本束）

実が1㎏1万円 草木染めの原料に

クサギは、普段はこれといって特徴のない地味な木ですが、夏が終わりに近づくと、ヒトデのような赤いがくのお皿の上に、宝石のようなターコイズブルーの実を乗せた独特の花で自己主張を始めます。この花は遠くからでもよく目立ち、紅葉が始まる前のやや殺風景な里山には、存在感がある「色」のアクセントになります。

和名の「臭木」が示すように臭い木なので、当初は枝物には向かないだろうと思っていましたが、試しに葉を取って実だけにして出荷したら、ちゃんと売れました。臭いのは葉のみで、実や枝が臭いわけではないのですね。

クサギの実は、草木染めの世界では藍に染められる数少ない樹種として、とても貴重な素材とされています。通販サイトのメルカリでは、1㎏1万円程度が相場のようです。1万円……いい値ですね。この実がたくさん採れるようであれば、草木染め用での販売を検討する価値が十分ありそうです。

サワフタギ【沢蓋木】

❶ 分類　ハイノキ科ハイノキ属
❷ 生息地　日本全国
❸ 特徴　樹高３ｍ程度の落葉低木
❹ 魅力　瑠璃色の実

花もかわいいけど、実になるまで我慢、我慢

ひと際目を引く瑠璃色の美しい実

販売実績

（円 / 本、cm）

	1月	2月	3月	4月	5月	6月	7月	8月	9月	10月	11月	12月
単価									300			
長さ									80			
魅力									実			

最高値 300 円 / 本（2021 年 9 月 3 日 80cm 10 本束）

草木染めにも使える瑠璃色の実を見つけたらラッキー

サワフタギは沢に蓋をするほど生えているので、その名があるとよくいわれます。しかし実際はこの木にそれほど出会うことはないので、改めて調べてみると枝が横や斜め下に伸びやすく、「沢に蓋をするように生える」という意味でした。

珍しいことに瑠璃色《るりいろ》の実がなります。野外の木で瑠璃色の実をつけていたら、このサワフタギだと思ってまず間違いないでしょう。瑠璃色といえば、オランダの画家・フェルメールの代表作『青いターバンの少女（真珠の耳飾りの少女）』が思い浮かびます。この絵の前にサワフタギの青い実が生けてあったらとても素敵ではないでしょうか。

サワフタギの灰汁《あく》は、アルミニウムを多く含むことから、草木染めで使う触媒としてきわめて優秀です。秋田県北部の鹿角《かづの》地方には、この木を専門に焼く職人がいた時代があったそうです。当時、この地方にはサワフタギがたくさん生えていて、沢が瑠璃色になっていたのかもしれませんね。

ミツデカエデ
【三手楓】

❶ 分類 ムクロジ科カエデ属
❷ 生息地 日本全国
❸ 特徴 樹高 10 m程度の落葉高木
❹ 魅力 夏の終わりから始まる紅葉

手の指のような 3 枚の葉が特徴

夏の終わりには紅葉が始まる(S)

販売実績

(円 / 本、cm)

	1月	2月	3月	4月	5月	6月	7月	8月	9月	10月	11月	12月
単価									68			
長さ									60			
魅力									紅葉			

最高値 68 円 / 本（2021 年 9 月 3 日 60cm 10 本束）

数ある紅葉のなかで色づきが最も早い

ミツデカエデの葉の形は、メグスリノキ【目薬の木】のように3枚の小葉が出るのが特徴です。カエルの手のようではなく、「妖怪人間ベム」の手みたいです。えっ、ベムを知らない？ 困りましたね。稀に3枚ではなく、5枚の葉が出ていることもあります。この場合は人間の手のように見えますね。「早く人間になりたい」というベムの思いが叶ったのでしょうか。何？ もういいって。失礼しました。

紅葉が他のモミジ類より早く始まり、枝の先のほうの葉が、黄色から赤に変わるグラデーションが9月頃から見られるようになります。雌雄異株で、本来雌の木には長く垂れ下がる実がなるそうですが、残念ながら私が借りている山には雄の木しかないようです。

採取の際の難点は、他のモミジと同様に水揚げが悪く、萎れやすいこと。そして、他のモミジ類の紅葉に合わせて採取しようなどとゆっくり構えていると、気がついたときには無情にも葉がパラパラと落ちてしまうことです。

ゴンズイ【権翠】

❶ 分類　ミツバウツギ科ゴンズイ属（別名クロクサギ）
❷ 生息地　本州（関東地方）～九州
❸ 特徴　樹高５m程度の落葉中高木
❹ 魅力　目立つ赤いがくと黒い実

テカテカした深緑の葉と
赤いがく、黒い実が特徴

葉つきのままで出荷した例

販売実績　　（円 / 本、cm）

	1月	2月	3月	4月	5月	6月	7月	8月	9月	10月	11月	12月
単価									90	171		
長さ									140	100		
魅力									実	実		

最高値 171 円 / 本（2023 年 10 月 11 日 100cm 10 本束）

赤いがくと黒い実が里山でよく目立つ

　ゴンズイの葉は、濃い緑色でテカテカ光ることから他の植物と区別できます。また、秋になると淡桃色《うすももいろ》に熟した実がはぜた後、中から黒い種子が現われるので、多くの木々のなかにあってもひと際目立ちます。黒臭木の別名が示すように、クサギ【臭木】（シソ科クサギ属）と同様に独特のニオイがあります。両者の違いは、ゴンズイの実は黒いのに対し、クサギの実は青いところでしょうか。

　紅葉は鮮やかな赤や黄色ではなく、紫がかった黒っぽい茶色で、それほど美しいわけではありません。ゴンズイの由来は、一説にはナマズの仲間のゴンズイと同じで、何も役に立たないからその名がついたといわれています。

　しかし、この葉をすべて取ってしまい、赤い花（正しくは「がく」）だけが鈴なりとなった実物で出荷してみたら、他には見られない独特の個性を発揮する花材になりました。地味で有用性のない木といわれますが、枝物として十分に役に立ちますよ。がんばれ！ゴンズイ。

ウメモドキ
【梅擬】

❶ 分類　モチノキ科モチノキ属
❷ 生息地　日本全国
❸ 特徴　樹高５m程度の落葉中低木
❹ 魅力　赤い実。摘葉したほうが高く売れる

10月中旬、これくらいで採取して摘葉する（S）

自然に落葉した状態。こうなると実もポロポロ落ちてしまう

販売実績　（円/本、cm）

	1月	2月	3月	4月	5月	6月	7月	8月	9月	10月	11月	12月
単価										250		
長さ										130		
魅力										実		

最高値 250 円 / 本（2023 年 10 月 11 日 130cm 10 本束）

1本100円以上
秋を代表する実物の花材

モチノキの仲間では、モチノキ【黐木】（モチノキ科モチノキ属）やクロガネモチ【黒鉄黐】は庭園木として見ることが多いのに対し、ウメモドキやアオハダ【青膚】は里山に自生していることが多いです。このウメモドキは、普段は大した特徴がなくひっそりとしていますが、秋になり実が赤くなりだすと、その存在感を大いに発揮し始めます。

秋を代表する花材であり、1本100円以上の単価が期待できます。中低木なので枝を集めるのに手間はかかりませんが、葉が小さくて数が多いので、摘葉には時間がかかります。それでも、この手間をおカネに換えることが里山林業の神髄だと自分に言い聞かせ、地道に1枚1枚取ることになります。

なお、この木の摘葉は葉を先のほうに引っ張るより、下にめくったほうがよく取れます。冬になれば、葉は自然と落ちるので、それを待ってから枝を採取すればよいとも考えたのですが、そうは問屋が卸してくれず、実も落ち始めました。

ウツギ【空木】

❶ 分類　アジサイ科ウツギ属（別名ウノハナ）
❷ 生息地　北海道（南部）〜九州
❸ 特徴　樹高２m程度の落葉低木
❹ 魅力　コマの形をした実

コマの形をした実がたくさんなる

葉をすべて落として
実物で出荷

販売実績

（円 / 本、cm）

	1月	2月	3月	4月	5月	6月	7月	8月	9月	10月	11月	12月
単価										120	44	
長さ										120	140	
魅力										実	実	

最高値 120 円 / 本（2023 年 10 月 25 日 120cm 10 本束）

コマの形のおもしろい実が魅力

ウツギと名のつく植物はたくさんあり、姿かたちもいろいろで、いくつもの科にまたがっています。これらが似た名前になるのは、茎が空洞の木が「空木」と呼ばれるからです。本家本元のウツギは、私の住む関東地方では畑の境界木として利用されており、那須野ヶ原《なすのがはら》の広大な農地ではこの木が一直線に並ぶ景色を見ることができます。

ウツギが境界木に適している理由は、刈り込みに強く丈夫であること、あまり横には広がらず邪魔にならないこと、枯れても根が腐らずに長く残ること、そして天然下種更新《てんねんかしゅこうしん》などで簡単に増えないことなどがあるそうです。確かに最後の増えないことは重要ですね。もし増えてしまうと、どこが境界なのかわからなくなってしまいます。

枝物としては、葉や枝ぶりはあまり褒められたものではありません。それでも、小さなコマのような実がおもしろい形をしているので、葉を取って実が目立つようにすれば、何とか商品にすることができます。

ムラサキシキブ【紫式部】

❶ 分類 シソ科ムラサキシキブ属
❷ 生息地 北海道（南部）～九州
❸ 特徴 樹高３m程度の落葉低木
❹ 魅力 たわわに実る紫色の実

11月の主力商品。
実が落ちやすいので
そっと扱いましょう

よく見るととても美しい紫色の実（S）

販売実績

（円 / 本、cm）

	1月	2月	3月	4月	5月	6月	7月	8月	9月	10月	11月	12月
単価										120	250	120
長さ										130	160	100
魅力										実	実	実

最高値 250 円 / 本（2023 年 11 月 20 日 160cm 10 本束）

邪魔な木と思っていたら じつはお宝花材

里山のいたるところに生え、特に何の取柄もない低木なので、通常は刈り払いされる代表格になっているムラサキシキブ。私もついこの間まで邪魔な木だと思っていました。ところが、実のなった枝の葉を全部取れば、紫色にトッピングされた美しい花材に大変身することを知ってからは、大切にしています。

葉の数が多いので、摘葉にはとても手間がかかります。12月まで待てば葉が自然に落ちますが、その頃には実もポロポロと取れてしまうので、その前に収穫して地道に葉を取るしかなさそうです。

ムラサキシキブの近縁で、実がより多くつくコムラサキ【小紫】という木もあります。こちらは園芸品種が野生化したともいわれており、さらに実が白いシロムラサキ【白紫】も稀に生えています。いずれも実を強調すれば、とても魅力的な花材になりますし、生けた後も丈夫で長持ちします。11月にはイチ推しの樹種です。積極的に出荷しましょう。

郵便はがき

おそれいります
が切手をはって
お出し下さい

335-0022

埼玉県戸田市上戸田
2丁目2-2

（受取人）

農文協

読者カード係 行

◎ このカードは当会の今後の刊行計画及び、新刊等の案内に役だたせていただきたいと思います。　はじめての方は○印を（　）

ご住所　（〒　－　） TEL： FAX：	
お名前　男・女　歳	
E-mail：	
ご職業　公務員・会社員・自営業・自由業・主婦・農漁業・教職員（大学・短大・高校・中学・小学・他）研究生・学生・団体職員・その他（　）	
お勤め先・学校名	日頃ご覧の新聞・雑誌名

※この葉書にお書きいただいた個人情報は、新刊案内や見本誌送付、ご注文品の配送、確認等の連絡のために使用し、その目的以外での利用はいたしません。

● ご感想をインターネット等で紹介させていただく場合がございます。ご了承下さい。
● 送料無料・農文協以外の書籍も注文できる会員制通販書店「田舎の本屋さん」入会募集中！
案内進呈します。　希望□

■毎月抽選で10名様に見本誌を1冊進呈■（ご希望の雑誌名ひとつに○を）

①現代農業　②季刊 地 域　③うかたま

お客様コード □□□□□□□□□□

お買上げの本

■ご購入いただいた書店（　　　　　　　　書店）

●本書についてご感想など

●今後の出版物についてのご希望など

この本をお求めの動機	広告を見て（紙・誌名）	書店で見て	書評を見て（紙・誌名）	インターネットを見て	知人・先生のすすめで	図書館で見て

◇新規注文書◇　郵送ご希望の場合、送料をご負担いただきます。

購入希望の図書がありましたら、下記へご記入下さい。お支払いはCVS・郵便振替でお願いします。

（書名）	（定価）¥	（部数）部
（書名）	（定価）¥	（部数）部

ヤマコウバシ【山香】

❶ 分類 クスノキ科クロモジ属
❷ 生息地 本州（東北地方中部）～九州
❸ 特徴 樹高３～５ｍの落葉中低木
❹ 魅力 テカテカの紅葉。冬になっても落ちない葉

厚い葉を持ちながら
意外と紅葉が美しい

クロモジはレモンに似た芳香
で、束ねるといい香り

販売実績　　（円／本、cm）

	1月	2月	3月	4月	5月	6月	7月	8月	9月	10月	11月	12月
単価											250	
長さ											140	
魅力											紅葉	

最高値 250 円 / 本（2020 年 11 月 30 日 140cm 10 本束）

冬も「落ちない葉」は受験生のお守りに

里山では一般的な樹種であるクロモジ【黒文字】（クスノキ科クロモジ属）の仲間のヤマコウバシ。この木は新緑こそあまり目立ちませんが、紅葉はオレンジ色に光り、十分枝物にできます。さらに落葉樹でありながら、冬になっても葉が落ちないという珍しい特徴があるので、冬に他の植物が葉を落とすと、ひと際目立つ存在になります。この「落ちない」葉は、受験のお守りにもなる縁起物なので、ぜひ受験生がいるご家庭に飾ってもらいたいものです。

また、本家本元のクロモジは爪楊枝として、昔から私たちの生活に馴染んできました。薬効があり、14種類の自然の生薬でつくられる養命酒には、このクロモジの皮である烏樟《うしょう》が使われています。このため全国各地でこのクロモジ栽培による地域おこしが行なわれるなど、里山林業では特筆すべき樹種といえます。

クロモジの仲間は比較的挿し木が容易なので、切り取った枝は土に挿しておくことをおすすめします。

モミ【樅】

❶ 分類　マツ科モミ属
❷ 生息地　日本全国
❸ 特徴　樹高 20 m以上の常緑高木
❹ 魅力　クリスマスリース用の葉

幹の部分が重いので、
5 本もしくは 3 本で束ねる

高木になると、枝の採取に難儀する

販売実績　（円 / 本、cm）

	1月	2月	3月	4月	5月	6月	7月	8月	9月	10月	11月	12月
単価											300	
長さ											140	
魅力											葉	

最高値 300 円 / 本（2021 年 11 月 22 日 140cm 5 本束）

国産クリスマスツリー 葉焼けに注意

クリスマス用のツリーやリースは、外国産のトウヒ類が使われることが多いですが、国産のモミだって十分使えます。手の届く範囲に枝があれば、11月に出荷してみましょう。

モミは人工林のなかに混じって生えていることがあるので、林分を伐採する際には大木の枝が一本まるごと収穫できる大チャンスです。運送面の制約から、私は背丈以上の幹や大きな枝を出荷したことはありませんが、ディスプレイによっては大型枝物の需要もあるはずです。ただ、日陰で育ったモミは葉が貧弱なことが多いので、できれば太陽をたくさん浴びたモクモクの枝を出したいところです。

また、出荷の際に気をつけなくてはならないのが「葉焼け」です。日差しが強い夏に起こりやすい症状かと思いきや、私は11月末にモミをラッピングして日向に置いておいたら1日で葉焼けして、商品をダメにしてしまったことがあります。冬でも気を抜かずに日陰に置くようにしましょう。

トウネズミモチ【唐鼠黐】

❶ 分類　モクセイ科イボタノキ属
❷ 生息地　本州（東北地方南部）～九州
❸ 特徴　樹高３～10ｍの常緑中低木
❹ 魅力　ネズミの糞に似た色かたちの実

葉を取ると見栄えがよくなる

枝が垂れるほど、たくさんの実がなる

販売実績　（円 / 本、cm）

	1月	2月	3月	4月	5月	6月	7月	8月	9月	10月	11月	12月
単価											102	250
長さ											60	120
魅力											実	実

最高値 250 円 / 本（2020 年 12 月 4 日 120cm 10 本束）

ネズミの糞に似ている実が人気

中国原産のトウネズミモチや在来種のネズミモチ【鼠黐】（モクセイ科イボタノキ属）は、クリスマス前に荷動きが出てきます。その名前にネズミがつくことでお察しの通り、この木の実はネズミの糞に形が似ています、といっても、いまの若い人はネズミの糞を見たことがないかもしれませんね。とにかく見た目があまりよくないので、枝物には向かないのかと思っていましたが、葉を取って実だけにして12月上旬に出荷したら、ちゃんと売れました。

この糞のような実を野鳥が食べ、本当の糞にして野山にタネを播いて勝手に増えてくれますので、実はすべて収穫せずに、一部は働き者の野鳥たちのために残しておいてあげましょう。

トウネズミモチは、高速道路の防音垣などにも利用されていることがあります。黒い実がたわわに実った並木を見ると「全部売れたとしたらいくらになるかな……」などと算盤《そろばん》を弾いてしまいます。定期的に枝を詰めているのですから、もったいないですよね。

ヒノキ【檜】

❶ 分類　ヒノキ科ヒノキ属
❷ 生息地　本州（東北地方南部）～九州
❸ 特徴　樹高 20 m程度の常緑高木
❹ 魅力　香りがさわやかなヒバと呼ばれる葉

保育作業の「枝打ち」で発生した枝を束ねて出荷してみました

わが国の主要造林木でありながら、枝物としての価値もある（S）

販売実績　（円 / 本、cm）

	1月	2月	3月	4月	5月	6月	7月	8月	9月	10月	11月	12月
単価	100											231
長さ	180											140
魅力	葉											葉

最高値 231 円 / 本（2022 年 12 月 5 日 140cm 10 本束）

主要造林樹種の枝も売れる

わが国の主要造林樹種であるヒノキは、福島県南部を北限に、関東以西に広く植えられています。このどこにでもある木の枝が売れたらおもしろいなと思い、ダメ元で出荷してみたら売れました。それも想像以上の高値で……。

特にお正月前に需要が高まることがあります。殺菌効果があることから刺身や干物などの下に敷いたり、スワッグ（壁飾り）などの飾り物に使われるのではないかと思います。ただし、まったく売れないこともあるので、一部の買い手しか手を出さない商品なのかもしれません。

ヒノキは、枝物になると「ヒバ」の名前で呼ばれることが多いようです。ヒバとは近縁のサワラ【椹】などを含めた総称です。アスナロ【明日檜】は「青森ヒバ」と呼ばれていますが、枝物ではあまり使われません。

福井県若狭《わかさ》町の㈲井上フシックという会社では、節穴をふさぐ埋木用にヒノキの枝を買い入れています（長さ1・5ｍの枝で80円、1ｍで40円）。これも販売先の候補として覚えておきたいですね。

ヒイラギ【柊】

❶ 分類　モクセイ科モクセイ属
❷ 生息地　本州（東北地方南部）～九州
❸ 特徴　樹高５ｍ程度の常緑中低木
❹ 魅力　トゲトゲした葉

トゲトゲした葉は邪気を払うとされる

枝分かれしやすいので、１ｍくらいで出荷

販売実績　（円 / 本、cm）

	1月	2月	3月	4月	5月	6月	7月	8月	9月	10月	11月	12月
単価												120
長さ												70
魅力												葉

最高値 120 円 / 本（2023 年 12 月 4 日 70cm 10 本束）

クリスマスではなく、節分の木⁉

ヒイラギは、クリスマス頃に見る機会が増える木です。葉がトゲトゲしており採るのは痛いけど、きっと高く売れるだろうと思いがんばって出荷してみましたが、期待とは程遠い結果でした。

調べてみるとそれもそのはず、クリスマスに飾られているのは、科が異なるセイヨウヒイラギ【西洋柊】（モチノキ科モチノキ属）という外国からの園芸品種だったのです。歴とした在来種であるヒイラギは、昔からそのトゲが邪気を払い、厄難を追い出すと考えられ、節分のとき、つまり2月初めに玄関に飾られるということを後から知りました。出荷する時期を間違えていたようです。このことから1月に出荷すればもっと高くなるものと思われます。

なお、ヒイラギと葉の形が似ている園芸品種のヒイラギナンテン【柊南天】（メギ科ヒイラギナンテン属）は枝物として人気は高いので、庭木などでお持ちの方は、ぜひ出荷を検討してみてください。特に栄養不足？で葉が黄色くなった枝は高値が期待できますよ。

ナンテン【南天】

❶ 分類 メギ科ナンテン属
❷ 生息地 本州（関東地方以南）～九州
❸ 特徴 樹高２～３ｍの常緑低木
❹ 魅力 正月定番の葉と赤い実

葉も使われるので、
摘葉の必要はない

実だけでなく、葉まで真っ赤になることもある

販売実績　　（円 / 本、cm）

	1月	2月	3月	4月	5月	6月	7月	8月	9月	10月	11月	12月
単価												350
長さ												160
魅力												実

最高値 350 円 / 本（2020 年 12 月 25 日 160cm 10 本束）

難を転じて福となす 正月の縁起物

ナンテンは中国から伝わり、観賞用に植えられた植物です。野鳥がタネを散布することで広く分布するようになりましたが、寒い地方ではほとんど見られません。お正月の縁起物であり、葉だけの枝は「葉」または「天葉《てんぱ》」、実だけは「天《てん》実《み》」、両方ついている枝は「葉《は》実《み》」と呼ばれ、年末の花き市場では不動の定番商品です。

葉が実のように赤くなったり、実が白い変わりダネもあるなど、なかなかバラエティに富み、正月が近づくとあちこちの農産物直売所に並びます。近所の直売所では１本３５０円の値札がついていました。手数料が２割だとしてもなかなかの単価ですね。12月になったらナンテンを出荷してみましょう。

耳寄り情報としては、ナンテンの古木は知る人ぞ知る銘木で、信じられない高値になります。２０１８年12月の原木市では２本で１００万円の値がつきました。めったにお目にかかれない大木でしたが、それにしても１本50万円。どこかに太いナンテンが生えてないかな。

アカマツ【赤松】

❶ 分類　マツ科マツ属（別名メマツ）
❷ 生息地　北海道（南部）～九州
❸ 特徴　樹高 20 m程度の常緑高木
❹ 魅力　正月定番の葉

出荷時は３本に分かれた枝が基本の形になる

正月飾りには欠かせない針葉樹。松ぼっくりはリースに使える

販売実績　（円 / 本、cm）

	1月	2月	3月	4月	5月	6月	7月	8月	9月	10月	11月	12月
単価												78
長さ												70
魅力												葉

最高値 78 円 / 本（2021 年 12 月 13 日 70cm 10 本束）

正月の定番 天然枝物への期待高まる

お正月の木といえば「松」です。ほぼ日本全域に分布し、内陸に多いアカマツ、海岸に多いクロマツ【黒松】ともに門松など正月飾りとして高い需要があり、花き市場では12月上旬にマツ専門の市である「松市」を開催するのが常です。近年はマツの生産者が大幅に減少しており、地域によっては品薄状態になっているそうですので、今後は天然枝物の出番になるかもしれません。

マツは三股の枝が好まれることから、それが採れる長さにそろえて10本程度まとめて出荷します。松市に出てくる栽培物のマツは葉の長さがきれいにそろえてあり、これと競い合うのは難しいので、天然物であることを主張できるように、暴れた枝ぶりがよいかもしれません。

なお、庭木のダイオウショウ【大王松】（マツ科マツ属）もこの時期には人気商品になります。長さ30～40cmでも２００円、大きくて形のよいものは７００円くらいで売っている人もいるようです。皆さんの庭に生えていませんか。

イヌツゲ【犬柘植】

❶ 分類 モチノキ科モチノキ属
❷ 生息地 本州（青森県）～九州
❸ 特徴 樹高２～３mの常緑低木。雌雄異株
❹ 魅力 冬でも元気な葉

雌雄異株で雌の木には実がなる。モチノキ科は赤い実が多いが、イヌツゲは黒

葉は冬でも青々としており、緑が必要になったときの救世主

販売実績　　（円 / 本、cm）

	1月	2月	3月	4月	5月	6月	7月	8月	9月	10月	11月	12月
単価		130										
長さ		180										
魅力		葉										

最高値 130 円 / 本（2024 年 2 月 12 日 180cm 5 本束）

冬になると存在感を増してくる枝物の救世主

冬は落葉樹はもちろん、頼みの常緑樹も葉に傷みが出てしまい商品化が難しい時期です。そんな冬枯れの木立のなかに、まるで物言わぬ武士のようにひとり凛と立つ植物。それがイヌツゲです。

ツゲ（ツゲ科ツゲ属）より材質が劣るので名前の頭にイヌがついたようですが、枝物としての遜色はありません。むしろイヌツゲのほうが成長は早く、1本の太い幹になるよりは、細い幹がまとまって生えることが多いです。枝も暴れずスラッとしているので、収穫や梱包に手間がかからないなど、優れている点が多々あります。などと、この木を褒めちぎっているのには訳があります。

先日、長さ2mくらいの枝物がすぐに欲しいと注文が入ったのですが、真冬で採取できそうなのはこの木だけでした。「イヌツゲしかないけど……」と言うと「構いません。送ってください！」。ほう、いままで使えない木だと思っていたけど、こんな救世主でもあるんだ、と感心した次第です。

コラム⑤

流通ルートが確立している枝物

サカキ【榊】

和名の漢字が木と神を合わせた字であるように、神事で使われる常緑広葉樹です。毎月1日と15日に神棚に飾る家が多いことから需要があり、スーパーなどにも常に並んでいます。以前はほとんどが中国からの輸入品でしたが、近年は国産も増えてきました。

花き市場で取引される国産サカキは、専門に栽培する生産組合がJA経由で出荷していることが大半です。島根県津和野町の榊生産組合では、長さ50cmほどのサカキ10本を1束にし、50束1ケースを15000円で販売。1本30円の計算で、1組合員当たり年間100万円のサカキ収入を維持しているそうです。

サカキは半日陰の環境が適していることから、ソーラーシェアリング（営農型太陽光発電）と組み合わせた栽培事例が急増。今後は出荷量も増え、販売競争が激しくなるので販路の開拓が必要です。

近年、ソーラーパネルの下でのサカキ栽培が急増

ヒサカキ【姫榊】

ヒサカキはサカキに似ていますが、神事だけでなく、仏事にも使われる点で異なります。サカキより耐寒性があり、東北地方にも分布。サカキが分布しない関東地方以北ではヒサカキを玉串などに使うため、年間を通して需要があります。

私がお借りしている里山にもヒサカキは多少生えていますが、病害虫で葉が傷んでおり、商品化は難しいようです。

シキミ【樒】

一年を通じて美しい葉を保つシキミ。仏事や葬儀の際など、ひっそりと飾る名脇役として目にすることが多い植物です。特に盆や年末、春と秋の彼岸と、年に4回の需要のピークがあります。冬の里山でも、殺風景な林のなかで堂々と緑を保つ存在で、多少ニオイが強いことから、昔は動物除けになると考えられ、墓の周りに植えられることが多かったようです。

宮崎県延岡市の生産グループは、50人の部会員でシキミを毎年200tほど出荷。年間1億6000万円、平均しても1人300万円以上の売り上げになるというから驚きです。

里山にもよく生える
ヒサカキ。虫食いが
多いのが難点

ベニシダ【紅羊歯】

❶ 分類 オシダ科オシダ属
❷ 生息地 本州（東北地方中部）～九州
❸ 特徴 草丈 50cm 程度の常緑のシダ植物
❹ 魅力 新鮮な緑色の葉。フラワーアレンジメントで人気

春先は薄く赤みがかっているのが「紅羊歯」の特徴

スギやヒノキの針葉樹の林床に群生することがある

販売実績

（円 / 本、cm）

	1月	2月	3月	4月	5月	6月	7月	8月	9月	10月	11月	12月
単価					100							
長さ					60							
魅力					葉							

最高値 100 円 / 本（2022 年 5 月 18 日 60cm 30 本束）

レザーファンもどきが誕生

フラワーアレンジメントでは、レザーファン（オシダ科リモニウム属）というシダ植物をよく使います。母の日の定番であるカーネーションの花束の手元を飾る緑色のシダは、誰もが見たことがありますね。この名脇役は南半球原産で、わが国でも種子島などで栽培されているものの、ほとんどは輸入品です。

ただし、よく見ると春の里山にはレザーファンに似たシダがたくさん生えてきます。どれも似たような姿かたちで、タネの同定は専門家でないと難しいです。そんななかでも裏面に赤い胞子がたくさんつき、紅色とまではいわないまでも、他のシダより明らかに赤くなるベニシダは容易に見分けることができます。

このベニシダの大きさを綺麗にそろえれば、レザーファンもどきの誕生です。この他にも、リョウメンシダ【両面羊歯】（同カナワラビ属）やイタチシダ【鼬羊歯】（同オシダ属）の仲間など、種名がわからなくてもとにかく「シダ」として出荷してみれば、春の臨時収入になることでしょう。

ウラジロ【裏白】

❶ 分類　ウラジロ科ウラジロ属
❷ 生息地　本州（東北地方南部）～九州
❸ 特徴　草丈 1.5 m程度の常緑のシダ植物
❹ 魅力　葉、二股の形

地域によっては大群落を形成する「裏白」

形の整った葉を選び、長さをそろえて束ねる

販売実績

（円 / 本、cm）

	1月	2月	3月	4月	5月	6月	7月	8月	9月	10月	11月	12月
単価			10									
長さ			90									
魅力			葉									

最高値 10 円 / 本（2023 年 3 月 13 日 90cm 10 本束）

ウラジロの需要は12月正月飾り用

　ウラジロの特徴は２本が対で垂れ、裏が白いこと。分布としては関東地方でも見られることになっていますが、私が暮らす栃木県ではあまり見かけません。

　数年前に長崎県の対馬に行ったとき、スギ林の林床がウラジロだらけなのにビックリしました。せっかくなので売れるかどうか試してみようと思い、少量を採取。宅配便で自宅に送り、後日、東京の市場に出荷してみました。結果は１枚10円にしかならなかったので、大赤字です。まぁよくあることなので、ウラジロが売れないことがわかったからいいやくらいに考えていたら、約２年後の12月、市場から「ウラジロはありませんか？」と問い合わせがくるではありませんか。ウラジロは正月飾り用として、12月が需要のピーク。以前私が出荷したのは３月初旬ですから、まったくの時期外れでした。

　なお、和歌山県の資料にはＪＡに出荷した場合、１枚６～10円と書いてあることから、私が出荷したウラジロたちは大健闘だったともいえます。

マメグンバイナズナ

【豆軍配薺】

❶ 分類 アブラナ科マメグンバイナズナ属（別名：コウベナズナ）
❷ 生息地 日本全国
❸ 特徴 草丈 30cm 程度の外来植物
❹ 魅力 白、黄色、赤などの花

上部に広がったスリーブを使って包装

ナズナの実はハート形だが、この草は軍配のような形

販売実績

（円 / 本、cm）

	1月	2月	3月	4月	5月	6月	7月	8月	9月	10月	11月	12月
単価						60						
長さ						50						
魅力						花						

最高値 60 円 / 本（2022 年 6 月 20 日 50cm 30 本束）

カラフルな花が花束やブーケで人気

マメグンバイナズナという名前のなかには、3種の野草が入っています。ナズナ【薺】（アブラナ科ナズナ属）は春の七草であり、ペンペングサとも呼ばれるお馴染みの野草。グンバイナズナ【軍配薺】はナズナより大きな帰化植物で、葉の形が相撲の行司《ぎょうじ》が持つ軍配のような形をしています。そしてこれに豆、つまり「小さい」がつくと、やはり帰化植物で軍配薺よりずっと小さく、かわいい軍配形の葉をしたマメグンバイナズナになります。里山というよりは、道端や空き地に群生していることが多く、舗装道路の片隅に生えているのをよく見かけます。

4～6月に咲く花をよく観察すると、白を基調とし、緑や黄色そして赤など、カラフルでとても美しいことに気づくことでしょう。ナズナはタラスピという名で、花束やブーケ用の花材として流通していますが、このマメグンバイナズナも同じような使われ方をするようです。ドライフラワーにしても美しく、今後はもっと注目されることでしょう。

ミズヒキ【水引】

❶ 分類　タデ科イヌタデ属
❷ 生息地　日本全国
❸ 特徴　草丈 100cm 程度の多年草
❹ 魅力　赤と白の小さな花

上から見ると赤い花だが、下から見ると白い花に見える

上部の葉をある程度残すと、赤い花が映える

販売実績

（円 / 本、cm）

	1月	2月	3月	4月	5月	6月	7月	8月	9月	10月	11月	12月
単価								40	20			
長さ								70	120			
魅力								花	花			

最高値 40 円 / 本（2024 年 8 月 26 日 70cm 30 本束）

上から見ると赤　下から見ると白い花

道端などに普通に生えているミズヒキ。普段はただの雑草ですが、秋になると細長く伸びた穂に赤っぽい小さな花がたくさん咲くので、その存在に気づきます。

この花は穂先の上から見ると赤く見えるのに対し、下から見るとあら今度は白い花。なぜこんな手の込んだ色の花になったのか不思議です。この赤と白が贈答品の包装紙などにかける紅白の帯紐の「水引」に似ていることからこの名がつきました。紅白の花などというと、とても目立ちそうに聞こえますが、ミズヒキに関してはまったくそんなことはなく、花がとても小さいことから遠目では咲いているのかどうかさえわかりません。

１本が非常に細いので、出荷する際は葉をほぼ取り去ったうえで、30～50本程度の束にします。生け花に使うときは、10本程度の束にする作品が多いようです。なお、非常に稀ですが、花が白だけのギンミズヒキ【銀水引】という種類もあるそうです。これもおもしろいですね。どこかに生えてないかな。

キンミズヒキ
【金水引】

❶ 分類　バラ科キンミズヒキ属
❷ 生息地　日本全国
❸ 特徴　草丈 50cm 以上になる普通の多年草
❹ 魅力　黄色い花、紅葉

収穫したての様子。葉を落として 20 ～ 30 本ごとに束ねる

ミズヒキとは花の形が大きく異なる「金水引」

販売実績　（円 / 本、cm）

	1月	2月	3月	4月	5月	6月	7月	8月	9月	10月	11月	12月
単価								60				
長さ								60				
魅力								花				

最高値 60 円 / 本（2022 年 8 月 26 日 60cm 20 本束）

花穂や紅葉が華道家の心を引く

キンミズヒキは、花が紅白になる本家ミズヒキや近縁のギンミズヒキとは、縁もゆかりもないまったく別の植物。夏に咲く、黄色の長い花穂《かすい》を水引にたとえたのでしょうが、あまり合点がいかないという人も多いのではないでしょうか。

それはさておき、この黄色の花でも十分花材になります。でももっと注目すべきは紅葉です。稀にしか綺麗に色づかないため商品にするのは難しいかもしれませんが、この長い穂や葉が赤く染まったときの美しさは、多くの華道家の心を引きつけることでしょう。なお、茎が折れやすいので、鎌を使って、丁寧に地際で切ります。水揚げがよくないことから、ちょっと手間はかかりますが、バケツに水を用意しておき、採ったらすぐに水を与えられれば理想的です。

実には多数の小さなカギ状のトゲがあり、服などにくっついてくるからひっつきムシの一種です。多くのひっつきムシは茶色なのに対し、キンミズヒキは緑色なので、ついていてもちょっとオシャレかも。って、そんなことはないか。

ワレモコウ

【吾亦紅、吾木香】

❶ 分類　バラ科ワレモコウ属
❷ 生息地　日本全国
❸ 特徴　草丈 50cm ～ 1 mの多年草
❹ 魅力　独特の形をした花穂

左からタケニグサ、メマツヨイグサ、ワレモコウの束

流通している多くは栽培物だが、野外にも「天然物」がある

販売実績　（円 / 本、cm）

	1月	2月	3月	4月	5月	6月	7月	8月	9月	10月	11月	12月
単価								32				
長さ								80				
魅力								花穂				

最高値 32 円 / 本（2020 年 8 月 26 日 80cm 50 本束）

花材の定番を天然物で 1束1500円！ 我も乞う

花材の定番であるワレモコウ。流通する生花のほとんどは山形県や長野県などの栽培物ですが、天然物も細々と全国的に生えています。私が初めて見つけたのは、近所の土手でした。この土手は定期的に草刈りが行なわれているので、毎年このワレモコウも刈られているのですが、がんばって再度伸びているようです。おそらく刈り払いが行なわれずに、ススキなどの大型の植物が伸び放題になり埋もれてしまうほうが、この植物にとってはずっと脅威なのでしょう。

花の後にできるタネを集めておき、春になったらいろいろなところに播いて、ワレモコウの勢力拡大に加勢してあげましょう。出荷する際には葉を取り、花穂だけにします。長さは長いほうがよく、できれば1mは欲しいです。茎が細いので50本は束ねられます。1本30円にしかならなかったとしても1束1500円。これを10束つくれば1万5000円。いいですねぇ。誰ですか「ワレモコウを我も乞う」などと言っているのは。

オトコエシ
【男郎花】

❶ 分類　オミナエシ科オミナエシ属（別名：オトコメシ）
❷ 生息地　日本全国
❸ 特徴　草丈1m程度の多年草
❹ 魅力　リースのような白い花、実

葉を取って、長い茎と花の姿にする

白い小さな花を散りばめたような大きな花が咲く

販売実績　（円/本、cm）

	1月	2月	3月	4月	5月	6月	7月	8月	9月	10月	11月	12月
単価								64		80		
長さ								120		110		
魅力								花		実		

最高値80円/本（2023年10月11日 110cm 10本束）

腐った醤油のニオイが難点 採取後は早めに販売しよう

秋の七草に数えられるオミナエシ【女郎花】（オミナエシ科オミナエシ属）。そしてその近縁であるオトコエシ。自生のオミナエシはなかなか見つかりませんが、このオトコエシはいろいろなところに生え、夏には白い小さな花を束ねたような大きな花が咲きます。

この花が咲き始めたら、なるべく長く切って、20本程度を1束にして出荷します。また、実もドライフラワーのようで十分商品になります。

ただし、この草には大きな難点があります。「敗醤草」と呼ばれ、利尿などの薬効があるのですが、文字通り醤油が腐ったようなニオイがすることです。特に長い時間水に挿しておくと、このニオイが強くなるのです。私は、それを知らずにバケツに挿して庭に何日も置いておいたら、妻から苦情を言われました。オトコエシは採取後あまり時間を置かずに、早めに販売することをおすすめします。

なお、別名のオトコメシは、白い花を山盛りの白飯に見立てたようです。

カヤツリグサ

【蚊帳吊草】

❶ 分類　カヤツリグサ科カヤツリグサ属
❷ 生息地　日本全国
❸ 特徴　草丈 50cm 程度の多年草
❹ 魅力　夏に咲く放射状に広がる花

「除草」によって収穫。
大きな姿が好まれる

田畑の畔などで一般的に
見られる「価値ある雑草」

販売実績　（円 / 本、cm）

	1月	2月	3月	4月	5月	6月	7月	8月	9月	10月	11月	12月
単価								45	21			
長さ								60	80			
魅力								花	花			

最高値 45 円 / 本（2022 年 8 月 26 日 60cm 20 本束）

誰でも知っているあの草が売れる

農業の敵である「典型的な雑草」のカヤツリグサ。厳密にいえばカヤツリグサという植物は一つの種類ではなく、形状が似た近縁のいくつかの総称です。その仲間は全国に数十種類が知られており、『カヤツリグサ科入門図鑑』という本まで出ているほど分類は複雑です。難しいことは考えずに、出荷の際には単に「カヤツリグサ」にしましょう。

夏になると長く伸びた茎の先から数本の花茎を放射状に延ばし、この形があたかも線香花火を連想させることからか、こんな草でも感性のある華道家にかかれば立派な花材に変身します。

全国各地に繁茂しており、刈ってもまたすぐに生えてきますので、花材としてどんなに採っても絶滅することはありません。たくさん草刈りをして地域の環境美化に貢献しましょう。茎が細いので30～50本程度の束にできます。なお、いくつか採取すると花の形が微妙に異なることに気づくはずです。

タケニグサ

【竹似草、竹煮草】

❶ 分類　ケシ科タケニグサ属
❷ 生息地　日本全国
❸ 特徴　草丈２ｍほどの大型の多年草
❹ 魅力　鈴のような実

葉を取れば、上部に鈴をつけた杖のような何とも不思議な姿

白い小さな花をつけ、２ｍ以上の草丈になる

販売実績　（円 / 本、cm）

	1月	2月	3月	4月	5月	6月	7月	8月	9月	10月	11月	12月
単価								150	100	150		
長さ								160	180	160		
魅力								実	実	実		

最高値 150 円 / 本（2022 年 8 月 29 日 160cm 10 本束）
最高値 150 円 / 本（2023 年 10 月 11 日 160cm 10 本束）

ミステリアスな花材に変身

タケニグサは伐採跡地に生える代表的な雑草です。竹に似てすぐに大きくなることが語源ともいわれるように生育がすこぶる旺盛で、大きな葉を広げて苗木を被圧してしまいます。

林業関係者にとっては厄介者であるタケニグサでも、少し手を加えるだけで立派な商品になります。夏を過ぎると実が鈴のような形のまま硬くなってぶら下がるので、葉をすべて取ってしまえば、あたかも僧侶が煩悩を振り払うために持つ「錫杖」のような姿になるのです。こんなミステリアスな花材は、他にはなかなかありません。

このようにちょっと手を加えるだけで、単なる雑草が個性的な花材になることがあります。例えば、生け花で小豆《あずき》柳《やなぎ》と呼ばれているイヌコリヤナギ【犬行李柳】（ヤナギ科ヤナギ属）は、小豆のような芽が特徴ですが、これは出荷前にそれを覆うように伸びている葉をむしり取ることで現われます。葉がついた状態のままでは、ほとんど商品価値がないと思われます。

(3) 秋に売れる草本

ヨウシュヤマゴボウ

【洋種山牛蒡】

❶ 分類　ヤマゴボウ科ヨウシュヤマゴボウ属
（別名：アメリカヤマゴボウ）
❷ 生息地　日本全国
❸ 特徴　草丈２m近い大型の外来植物
❹ 魅力　ブドウのような実

長いものは 1.5 mくらいにできるが、折れやすいので注意

ブルーベリーのようなおいしそうな実（み）。実（じつ）は有毒！

販売実績

（円 / 本、cm）

	1月	2月	3月	4月	5月	6月	7月	8月	9月	10月	11月	12月
単価								51		80		
長さ								90		50		
魅力								実		実		

最高値 80 円 / 本（2023 年 10 月 16 日 50cm 10 本束）

ブドウのような実がなる個性的な雑草

誰もが見たことのある個性的な帰化植物であるヨウシュヤマゴボウ。子ども心にあのブドウのような黒い実は食べられるのかな、などと思ったことはありませんか。食べてはいけません、有毒植物ですよ。そんなヨウシュヤマゴボウですが、花材として流通しています。実がまだピンク色のうちに収穫して出荷します。黒くなってからでは実が落ち始めますし、簡単につぶれて周囲に落書きができてしまうので厄介なことになります。間違えても家の中に持ち込まないようにしましょうね（私の部屋の畳にはシミができています……）。

実を強調するために、葉は取ってしまいます。右に左に暴れた形になることから、10本以下の束で出荷することになるはずです。また、長さは人の背丈くらいにすることもできないことはありませんが、1m程度にそろえたほうがかわいらしく映ると思います。茎が中空でもろいので、結束の際にはあまり強く縛らないようにしましょう。

オオオナモミ
【大巻耳】

❶ 分類　キク科オナモミ属
❷ 生息地　日本全国
❸ 特徴　草丈１m程度の外来植物
❹ 魅力　トゲトゲした実

丁寧に扱わないと、実がいつの間にかなくなってしまう

この実を投げて遊んだ思い出はありませんか？

販売実績　（円 / 本、cm）

	1月	2月	3月	4月	5月	6月	7月	8月	9月	10月	11月	12月
単価										80	60	
長さ										50	80	
魅力										実	実	

最高値 80 円 / 本（2023 年 10 月 11 日 50cm 20 本束）

「ひっつきムシ」の枝物はいかが

アメリカセンダングサ、ヌスビトハギなど、いろいろある「ひっつきムシ」のなかでも実が一番大きく、インパクトがあるのがオオオナモミです。子どもの頃、友だちと投げ合いをした思い出がある人も多いのではないでしょうか。そんな懐かしさに心を揺さぶられるのか、このトゲトゲを買ってくれる人がいます。

私は枯れて茶色になってから出荷しましたが、まだ実が緑色の時期でも商品になると思います。丁寧に収穫しないと、実がみんなどこかにくっついて、気がつくとなくなっていますので用心してください。ラッピングも通常より頑丈にしないと、運送中にもあっちについたり、こっちについたりしてしまうことでしょう。どうか無事に届きますように。

なお、一般に見られるのは実の頭に2本の角が突き出たオオオナモミで、角が1本であれば、地域によっては絶滅危惧種に指定されるほど数が少なくなっている在来種のオナモミ【巻耳】（キク科オナモミ属）です。

(4) 冬に売れる草本

コウヤボウキ【高野帚】

- ❶ 分類　キク科コウヤボウキ属
- ❷ 生息地　本州（東北地方南部）～九州
- ❸ 特徴　草丈 50cm 程度の２年生の木本
- ❹ 魅力　飾りの素材になる茎

コウヤボウキの夏の姿。高野山ではホウキの原料に使ったといわれる

この綿毛を目印に探し出し、地際から採取する

販売実績

（円 /kg、cm）

	1月	2月	3月	4月	5月	6月	7月	8月	9月	10月	11月	12月
単価	2,000	2,000										2,000
長さ	20 ～	20 ～										20 ～
魅力	茎	茎										茎

最高値 2,000 円 /kg（2023 年 12 月 24 日 20 ～ 100cm 程度）

萩すだれの原料になる「お宝植物」

コウヤボウキは、厳密にいえば草本ではなく、キク科にしてはとても珍しい「木本」です。しかし、３年持たずに枯れてしまう超短命な木であることから、ここでは草本として紹介します。

花が可憐なことから、枝物として売りたいのはやまやまですが、難点はすぐに縮れてしまうことです。そんななかで、なんと枯れた茎がおカネになるという耳寄りな情報があります。

岐阜県中津川市のヤマコー㈱は、自然素材を活かしたホテル・レストラン向けの業務用製品等を製造販売しており、冬になると、その原料の一つであるコウヤボウキの買い入れを行なっています。コウヤボウキで何をつくるかというと、おそらく皆さんも目にしたことがある、お刺身の活け造りなどを彩る「萩すだれ」です。食品を飾る品々は、中国や東南アジアなど、国外で生産されたものが大半を占めるなか、ヤマコーは国産資源を大切にし、しなやかな弾力性を持つコウヤボウキで、国産の萩すだれをつくり続けています。

　とても細いコウヤボウキの枝一本一本を熟練した職人がすだれ状に編み上げた製品は工芸品ともいえ、その価値を知る顧客からの注文が絶えないとのこと。ただし問題なのが、これまでコウヤボウキを納めてくれていた「里山林業家」の方々が、高齢化等を理由にどんどん引退しており、原料不足が切実なのだそうです。私もその話を聞いたシーズンから出荷を始め、多い年には約10kg出荷し、2万円近い収入になったこともあります（単価は年により変動します）。

　納品までの手順は次の通りです。

(1) 事前に、ヤマコーのHR事業部に連絡。コウヤボウキを送りたい旨を伝え、取引契約を交わす。
(2) コウヤボウキは1年目の枝先に花をつけ、これが初冬にはタンポポのような綿帽子になる。12月になったらこの綿帽子を頼りにコウヤボウキを探し出し、柄の長い鎌で地際から刈り集める。
(3) 葉と綿帽子を取り除く。
(4) コンパクトになるよう束ねて縛る。
(5) 重さを量る。出荷するのは、最低でも1kg以上になるようにする。
(6) 袋に入れるなど、宅配業者が受け取ってくれる形状にし、重さ等を記入した納品書兼請求書と一緒に、着払いで発送する（なお請求書を同封する際に、封印すると郵便法に抵触する恐れがあるので無封のままにする）。

採取後（左）、枯れた葉と綿帽子をすべて取る（右）

海の幸を演出する「萩すだれ」
（写真提供＝ヤマコー㈱）

これで約5kg（乾燥重量）。買い取り価格は1万円ほどになる

　コウヤボウキは、収穫時には乾燥しているので、たくさん収穫したつもりでも驚くほど軽いです。また、2年目の冬はパリパリと折れてしまうことがあり、あまりよい商品にはなりません。出荷するのは1年目のものを基本とします。

　なお、取り去った綿帽子はタネですので里山に戻しましょう。発芽率はとても低いですが、日向であったり、やや木陰であったり、東斜面や西斜面、岩場、乾燥地などいろいろな条件下にバラ播いておくと、次の年にひょっこり出てくることがあります。

ヤマコー株式会社
〒509−9298
岐阜県中津川市坂下275−1
TEL 0573−75−3470
担当　HR事業部　水野

コラム⑥

オータムエフェメラル

里山は、刈り払いや落ち葉かき、地方によっては火入れなどの攪乱が行なわれることで、生態系が保たれてきました。そして、そうした「人為的な自然」のなかでしかうまく生きられない植物もたくさんいました。

秋の七草で知られるキキョウ【桔梗】(キキョウ科キキョウ属)やハギ【萩】(マメ科ハギ属)もその例。いずれも鉢植えで育てると初夏に花が咲きます。それなのに、なぜ秋の七草に選ばれたのでしょう。

絶滅危惧種に指定されているキキョウ

スプリングエフェメラル(カタクリとニリンソウ)

キキョウの生態を研究した報告書に、注目すべき記述を見つけました。「花期は通常6月下旬〜7月下旬までの1回であるが、7月下旬の刈り取りによって、その約2カ月後から2回目の花期が得られた。また競合植物の抑制には、少なくとも年1回7月下旬の下刈りが要求された」「6、7、8月刈りでは2度の花期を持ち、特に7月刈りでは開花量が無刈り取りのものより増加した」。もしかしたら、キキョウは開花前に一度刈り払われることを最初から見越しているのではないでしょうか。この刈り払いで周囲の邪魔者がダメージを受けている隙に早く次の茎を伸ばして花をつける作戦で、やっとのこと花を咲かせたのが初秋だった。このため、秋を告げる花だと誤解されてしまった。こんな仮説は成り立たないものでしょうか。

早春にだけ花を咲かせる植物を「スプリングエフェメラル(春のはかない命)」と呼びますが、キキョウ、そして同じように花期は長いのに、環境によっては秋にだけ花を咲かせ、冬にははかなく消えてしまうハギやワレモコウなどは、いわば「オータムエフェメラル」とも呼ぶべき、里山特有の植物といえます。

人々が里山を放置するようになり、ハギやワレモコウは他の植物に被圧され、春も秋も花を咲かせることなく、少なくなりつつあります。里山林業を広め、環境を整備することで、エフェメラル(短命)な植物たちを少しでも絶滅から救いたいものです。

4 つるや枯れ物をおカネに換える

(1) つる

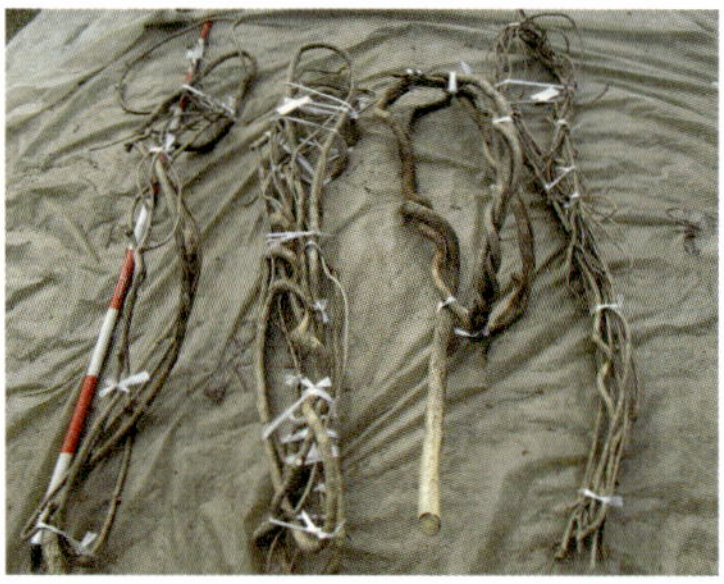

様々な「つる物」。高いものは1本1000円程度になる

フジ【藤】

❶ 分類　マメ科フジ属（別名ノダフジ）
❷ 生息地　本州（青森県）～九州
❸ 特徴　S巻きの落葉つる性低木
❹ 魅力　つる、太づる、長づる、花

藤色の美しい花。出荷したいが鮮度を保つのが難しい

販売実績（径2cm程度、長さ3～4m）　（円/本、cm）

	1月	2月	3月	4月	5月	6月	7月	8月	9月	10月	11月	12月
単価	86								300	350	800	400
長さ	300								400	300	300	400
特徴	つる								つる	つる	つる	つる

最高値800円/本（2022年11月7日 300cm 5本束）　266円/m

リースの素材に3～4mで仕立てる

里山には厄介な植物がいろいろはびこります。なかでも、最大の難敵はフジづるではないでしょうか。いろいろな木に絡みついて縛り上げ、樹冠を覆って大木さえも枯らす里山のギャングです。

そんなフジづるは、細いものはクリスマスなどのリース用に、太いものは装飾品として使えます。採取は苦労しますが、疲れが吹き飛ぶような価格になることもあるので、秋が深まったらつる切りに精を出しましょう。

つるは途中で枝分かれするので、どちらを残せば長いつるになるかを考え、3～4mの長さで仕立てていきます。木のように太くなった部分は運びやすいよう2m以下で切りましょう。太いつるは1本1000円以上の値がつくこともあります。ただし、太いと送料が高くなることも頭に入れておく必要があります。

山を歩いていると、とても太いつるに出会うことがあります。送料負けしない値段で販売できれば、つるだらけの荒廃林分が宝の山に変わるのですが……。

クズ【葛】

❶ 分類　マメ科クズ属
❷ 生息地　日本全国
❸ 特徴　Z巻きの落葉つる性植物
❹ 魅力　リースにできる長いつる

里山を覆いつくす勢いでクズが侵入

地面を這うクズのつる。楽しい綱引きになりそうだ

販売実績（長さ3～4m）　（円/本、cm）

	1月	2月	3月	4月	5月	6月	7月	8月	9月	10月	11月	12月
単価										200	204	120
長さ										400	300	300
特徴										つる	つる	つる

最高値204円/本（2021年11月1日 300cm 5本束）　68円/m

地面を這うつるを巻き取るようにして収穫

フジに負けず劣らずの問題児のクズ。成長がきわめて早く、いつの間にか木々を覆いつくして、クズの着ぐるみのような姿に変えてしまいます。

この厄介者を活用する方法として、根から葛粉を採るという手もありますが、太い根を探して掘り出し、粉にするまでにはかなり手間がかかります。それよりは、枝物（つる物）にしたほうが得策です。とはいえ、木に巻きついたクズを一つひとつ外していくのは難儀です。

横着な里山林業家は、そんなイバラの道を選ばず、地面を這うクズをねらいます。それも土の上を這うクズは、ところどころ根を張っているので、コンクリートの構造物やアスファルト舗装などの上を気持ちよさそうに伸びるクズを探して、巻き取るように収穫します。

条件がよければ、長さ5～10mのつるが収穫できます。1m当たり50円としても、10mのクズなら500円。10本採れれば5000円！と思えば、楽しい綱引きになることでしょう。

アケビ【木通、通草】

❶ 分類　アケビ科アケビ属
❷ 生息地　本州（青森県）〜九州
❸ 特徴　Z巻きの落葉つる性植物。雌雄異株
❹ 魅力　長いつる、紫色の実

Z巻きのアケビ（左）のつると
S巻きのフジ（右）のつる

おいしそうなアケビの実。
でも、こうなる前に出荷
すべきだった

販売実績　（円 / 本、cm）

	1月	2月	3月	4月	5月	6月	7月	8月	9月	10月	11月	12月
単価	34						50		300	45	320	36
長さ	200						160		100	200	500	400
特徴	つる						つる		つる	つる	つる	つる

最高値 320円 / 本（2021年11月5日 500cm 5本束）　64円 /m

薬用で売れたら 正真正銘のお宝に

アケビやミツバアケビ【三葉木通】、そしてこれらの交雑種であるゴヨウアケビは、実が食用になり、つるが木通《もくつう》という漢方薬になるなど、とても有用な植物です。ただし、木に絡みつき、成長を阻害するという点では、フジと似たり寄ったりの問題児です。クズのように地面を這うことがないので、収穫には手間取ることにはなりますが、細いつるはよくしなうことからリースの材料として人気です。

実つきのつる、それも美しい薄紫色の実が採れれば、観賞用としても価値があるはずです。なお、冬のアケビ類は葉が落ちてしまうと見分けがつきませんので、総称の「アケビ」の名前で出荷します。

ちなみに、太いつるが毎年何十kgも採れるような山をお持ちの方は、生薬として販売することを検討すべきだと思います。そのときは、自然と健康を科学する㈱ツムラ（本社：東京都港区赤坂）などに相談することをおすすめします。もしかしたら、取引単価が数段上がるかもしれませんよ。

ヤマブドウ【山葡萄】

❶分類　ブドウ科ブドウ属
❷生息地　北海道～四国
❸特徴　Z巻きの落葉つる性低木
❹魅力　つる、実、紅葉

里山の秋を彩る名脇役。実がついていたらラッキー

鮮やかな紅葉。ツタウルシの紅葉も似ているので判別に注意

販売実績

（円/本、cm）

	1月	2月	3月	4月	5月	6月	7月	8月	9月	10月	11月	12月
単価										336	300	
長さ										400	200	
特徴										つる	つる	

最高値336円/本（2021年10月22日 400cm 5本束） 84円/m

秋は野山に ブドウづる狩りに行こう

フジやクズに比べると数はずっと少ないですが、里山では、ヤマブドウやエビヅル【海老蔓】（ブドウ科ブドウ属）、ノブドウ【野葡萄】など、ブドウの仲間を目にすることもあります。

これらが一番目立つのは、葉が赤を基調として黄色や紫のグラデーションに染まる紅葉の時期です。もちろん生け花に使えますが、枝にしっかり巻きついていたり、木の上のほうだったりと収穫にはとても難儀することになります。運がよければ実が見つかるときもあり、ヤマブドウやエビヅルであれば食べることもできます。ノブドウの実は食用にはならないものの、美しいコバルトブルーに染まるので、枝物としてはこちらのほうが価値は高いはずです。秋になったら里山のブドウづる狩りに出かけましょう。

なお、ブドウの仲間は、フジのように茎で巻きつくのではなく、巻きひげを使って他の木に絡むのが特徴です。このためS巻きもZ巻き（⬇詳しくはコラム⑦90ページ）もありません。

(2) 流木

海の流木は肌がつるつる。1本100円以上が期待できる

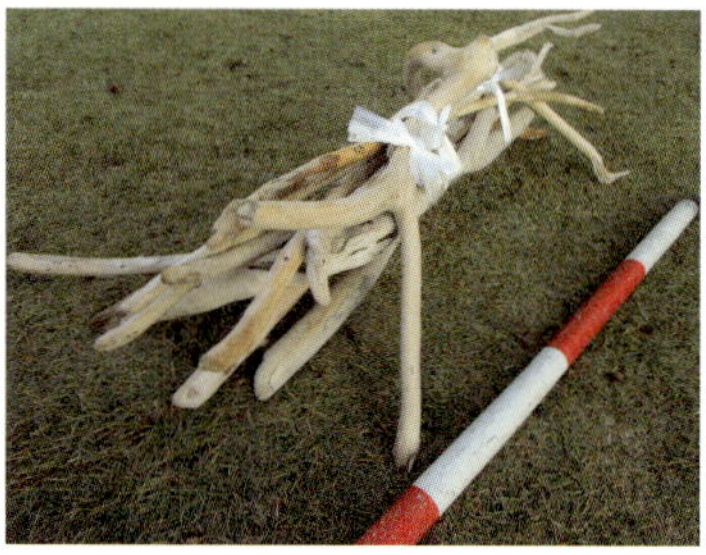

大水の後の沢には、上流から「お宝」が流れ着く

販売実績（沢の太い流木）　（円/本、cm）

	1月	2月	3月	4月	5月	6月	7月	8月	9月	10月	11月	12月
単価	100	150										
長さ	180	60										
魅力	流木	流木										

最高値150円/本（2024年2月12日60cm5本束）

いまから数年前のことです。長崎県対馬の知り合いから、浜辺に漂着する流木などのごみが問題になっているので知恵を貸してほしいと相談されました。

現地を訪ねると、インテリアや装飾品に使えそうな、おもしろい形をした流木がたくさんありました。実際、いくつか持ち帰った流木の長さをそろえ、10本を1束にして花き市場に出したところ、けっこういい値段がつきました。

ただ、私の住む栃木県は「海なし県」。海の流木を簡単に手に入れることはできません。なので「海がある都道府県の皆さん、流木はお宝ですよー」とエールを送るしかないと思っていたら、内陸にも流木があることに気づきました。山の谷川や沢にも流木はあるのです。

さっそく、急流に揉まれて剥皮したヒノキやスギの枝を集めて市場に出荷しました。ところが、先述の海の流木のような値段にはなりませんでした。そんなうまい話はないようです。

そんななか、全国高校生花いけバトル（⬇詳しくはコラム①18ページ）を見に行って流木の新たな可能性を見つけました。花いけバトルは制限時間5分の競技のため、花を立てるのに剣山などの留め具を使っている余裕はありません。そこで、花瓶の挿し口に太めの流木を差し込んで留め木にし、花材の座りをよくするという工夫を凝らしていました。

後日、沢で太く短い流木を探して出荷。今度はけっこういい値段で売れました。

流木がいい味を出している生け花。枝物との相性もバッチリ（S）

苔が張りついたウメの古木（苔朴）。
小枝から大枝まで様々な需要がある

秋のホオノキの葉。この「大物」を美しく生けることができればかなりの腕前

(3) 枯れ枝、枯れ木

販売実績（ブナ・アオハダ等の枯れ枝） （円 / 本、cm）

	1月	2月	3月	4月	5月	6月	7月	8月	9月	10月	11月	12月
単価	120	102										120
長さ	180	180										110
魅力	枯れ木	枯れ木										枯れ枝

最高値 120 円 / 本（2023 年 12 月 18 日 110cm 10 本束）枯れ枝
最高値 120 円 / 本（2024 年 1 月 22 日 180cm 10 本束）枯れ木

樹皮が美しい枝や、侘《わ》び寂《さ》びのある冬枯れ枝、苔のむした風情ある枝などは、華はありませんがそれはそれで魅力があり、よき脇役になります。その一方で、買い手にじっくりと見てもらえなければそのよさが伝わらないことが欠点でもありました。そのため、従来の市場のセリでは高い評価を得るのが難しいのが実情でした。

ところが近年、画像を見ながらじっくり品定めできるインターネット取引が始まりました（➡詳しくは第４章１１４ページ）。枯れ枝のような特殊な枝物を売るには好都合です。私も落葉で出荷を諦めていたブナの枯れ枝を出品してみたところ、１本１２０円の値がつきました。樹皮が白黒の斑になるブナの魅力をわかっていただけたようです。

その後も、アカシデやヤマザクラ、ヒノキなど、いろいろな樹種の枯れ枝、枯れ木を出品。結果、どれもそこそこの値がつくことは確認できましたが、送料を差し引くと赤字のこともありました。枝ぶりがいいアオハダだけは、細くても１本１００円以上の値がついたので、商品として有望だと思います。

なお出荷の際は、枯れた細い枝は強く結束するとポロポロと折れてしまうので丁寧に扱いましょう。

それにしても、冬枯れの枝や枯れ木がおカネになるのだから、里山林業は楽しいです。

枯れ枝でもこんなふうに飾ると、
とてもオシャレ（だから商品になる）

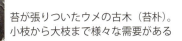

フジはS巻き、クズはZ巻き!?

フジづるは、公園に生えているのがフジで、山に生えているのがヤマフジ……ではありません。以前は私もそう思っていましたが、全国に自然分布する「ノダフジ」とも呼ばれる一般的な「藤」がフジです。

フジの特徴は、立木に巻きつくときは常にアルファベットのSのように正面から見て左上がりになります。これに対し、西日本にのみ分布するヤマフジ【山藤】(マメ科フジ属)のつるは右上がり、つまりZ巻きになります。あまり知られていませんが、東日本で見られるフジは、園芸品種などを除けば、どれも左上がり(S巻き)になっているはずです。

一方、西日本では両種が混在しますので、採取したフジづるを出荷する際には、送り状の種類名を書くときにS巻きかZ巻きかをよく見る必要があるということになります。まぁ、どちらも「フジ」の名称で出荷上大きな問題はありません。

なお、アケビやクズの巻きつき方は、フジとは反対の右上がり(Z巻き)です。このことから、クズとフジの両者が巻きつくとX状に交差することになり、両者をスッキリ引き離すのはとてもたいへんです。

葛と藤が巻きつくと……もうおわかりでしょうか。これが「葛藤《かっとう》」の語源です。

フジの巻き方
(S巻き)

クズの巻き方
(Z巻き)

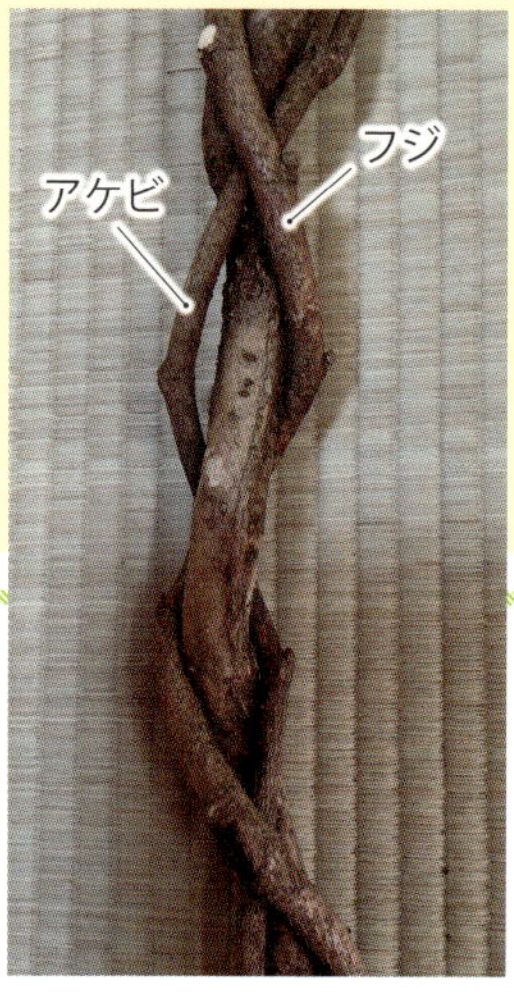

フジとアケビ(Z巻き)
の葛藤

第3章

里山林業の実際

この章では、里山林業の実際の作業についてポイントを紹介します。といっても難しいことは何もなく、基本は山に行って枝や植物を採取し、梱包して出荷するだけです。特別な設備や技術も必要ありません。誰でも手軽に取り組めるのが里山林業の醍醐味なのです。

1 山に入る前に

里山林の植物は土地所有の持ち物

いうまでもなく、里山の植物はすべて土地所有者の持ち物です。自分の山に生える植物を採っているのであれば問題はありませんが、他人の山の場合は、事前に持ち主の許可を得ることは当然のことです。ぜひとも植物を採取する前には、このひと手間を惜しまないでください。もし自分の家の庭に他人が勝手に入り込んできて、花を切り取って行ったらどう思いますか……。

不法侵入を防ぐため、山林の入り口に「立入禁止」の看板が立っていることがあります。あれだけではあまり効果がないようにも思えますが、じつは軽犯罪法1条32号には、「入ることを禁じた場所又は他人の田畑に正当な理由がなくて入った者を拘留または科料に処する」と規定されています。すなわち、立入禁止の看板があるにもかかわらず山に立ち入った場合は、たとえ何も持ち帰らなかったとしても軽犯罪法違反となるのです。看板の設置は法律上とても効果があるので、決して入らないようにしましょう。

また、森林法の第197条では「森林においてその産物（人工を加えたものを含む）を窃取した者は、森林窃盗とし、3年以下の懲役又は30万円以下の罰金に処する」、第198条では「保安林の区域内における森林窃盗は、5年以下の懲役又は50万円以下の罰金に処する」と規定されています。これは、山菜やキノコなどの有機的産出物だけでなく、石や岩といった無機的産物を持ち帰ったとしても森林窃盗は成立することの根拠になります。

なお、これは私有地に限らず、国や県などが所有する山林でも同じです。仮に森林整備の一環であったとしても、植物などの採取は謙虚さを忘れてはなりません。トラブルが起きないよう十分に気を配り、里山林業を良心に恥じない生業にしたいものです。本書が森林窃盗を助長する手引書にならないことを切に願います。

花物と実物には収穫適期がある

花物は見た目が美しくなってから採取するのでは遅いです。例えば、白い花が咲くエゴノキは短期間で一斉に開花し、すぐに華やかになって散ってしまいます。花の命は短いのです。また、ミズキの実物も、もう少しで収穫かと思って見守っていたら、突然ポロポロ落ち始めてしまうことがよくあります。

山の入り口などにある侵入や持ち帰りを禁止する看板（S）

山に入るときの服装

ちょうどよいタイミングを逃さないように里山に足しげく通い、植物たちの変化をよく観察しましょう。私はこうしている時間が一番楽しいです。

採取は午前中 曇りか小雨がベスト

植物は、朝になり明るくなると水を吸い上げ、日差しが強くなる日中にたくさん蒸散します。そして夜には次の日に備え、一日の疲れをじっくりと取るというサイクルを送っています。

このことから、枝を収穫するのは、おそらく植物が安静にしている夜が一番適しているのでしょうが、それは現実的ではないので、朝できるだけ早いうちがよいと思います。特に草本などは、切った後に直射日光が当たるとすぐに萎れてしまうので、採取は曇り空や小雨の日などが適しています。雨の日は休みになる業種もあるなか、花き業界は雨天決行のことが多いのです。レインスーツが必需品になりますね。なお、晴天の日には、採取した草木に早く水を与える（バケツに入れる）のはいうまでもありません。

山は長袖、長ズボン、手袋が基本

山に入るときは、虫刺されや擦り傷の予防、そしてウルシのかぶれ対策などのために、長袖、長ズボンが基本です。私は服を汚さないように、その上にレインコートを着ることが多いです。ヘルメットをかぶり、手袋をして、足元は長靴です。

そして忘れてはいけないのがラジオ。山には野生動物がいて、私も作業中にシカやイノシシを何度か見ており、最近では近くにクマが出没したという話を聞きました。こうした野生動物は警戒心が強いので、事前にこちらの気配を知らせる意味でもラジオの音は効果的です。里山林業に必需品のナタは護身用にもなります。何かあったとき、素早く抜けるように日々訓練して……までの必要はありませんが。

夏は熱中症対策も重要ですが、そもそも日中に採取した枝はすぐに萎れてしまうので、なるべく早起きして暑くなる前に作業するように心掛けましょう。

2 道具と使い方

収穫に必要な道具

収穫に必要な道具は本書のタイトルにもあるように、基本的にはナタが一本あれば十分です。ただ、必須とまではいいませんが、柄の長い鎌や小型のノコギリがあったほうが便利です。

ナタは、林業用の「腰ナタ」と呼ばれるタイプが使いやすいです。枝を切る際は片手で振り下ろすので、手からスルリと抜けないように、柄の根元が太くなっているタイプを選びましょう。片刃と両刃がありますが、薪を割るわけではないので、片刃がよいと思います。

切れ味を保つため、ナタは日々よく研ぐことを推奨します。ただ、ぐーたらな私はこれが苦手です。それではいけないとわかっていてもあまり研いでいません。人にはすすめているのに、これではだめですね。今度、大雨で山に行けない日に研ぐことにします。なお、片刃は研ぐのが一面で済みますし、左右のバランスを気にする必要がないので多少ラクです。

柄の長い鎌は、草木を地際に近い部分から刈る際に腰をかがめないで済みます。ただし、問題は柄の長さです。鎌を振り下ろした際にちょうど自分の膝に当たるような長さだと、ちょっと気を抜いた瞬間に自分を傷つけてしまう恐れがあります。自らの不注意で痛い目にあうと、傷が治るまで、それを回避できなかったことへの後悔が重くのしかかることになります（と経験者は語ります）。その点、山菜収穫用といわれる柄の長い鎌であれば、刃が自分に当たることはまずないのでおすすめです。

この他、台付けなどのために幹を切断する場合や枝打ちのように枝を幹の付け根から採取する場合には、ナタよりノコギリのほうが扱いやすいので、林業用の小ぶりなノコギリが一つあると便利です。

いずれの道具も山のなかで落としても見つけやすいように、目立つ色をつけるとか、テープを巻くなどしておきます。ただ、それでも行方不明になることもあります。私のあのナタとあの鎌は、いま頃どこでどうしているのでしょう。

運搬に便利な道具

収穫布と聞いてピンとくる人は、きわめて少ないのではないでしょうか。長ネギや葉タバコなどの長い収穫物をコンパクトにまとめることができ、これらを運ぶ際にとても便利なシートで、商品名は「ベンリークロス」（大紀産業㈱製）です。

使い方は簡単。あちこちに枝先を突き出して暴れる枝をこのシートで包み、3カ所の引っ掛け金具で止めるだけです（➡詳しくは第3章97ページ）。大きな包帯止めがついたゴザといえばイメージが湧くでしょうか。3種類の大きさがあり、枝物には中間のサイズ（100㎝×150㎝）が使いやすいと思います。10枚くらいは必要です。価格は1枚2000円弱。多くの資材が高騰しているので、里山林業を始めると決めたら早めに入手してください。

出荷に必要な道具

収穫後の枝物は、水揚げが必須になるのでバケツがたくさん必要です。丈夫なブリキ製と安価なプラスチック製。どちらを選ぶかは好みになりますが、金属は

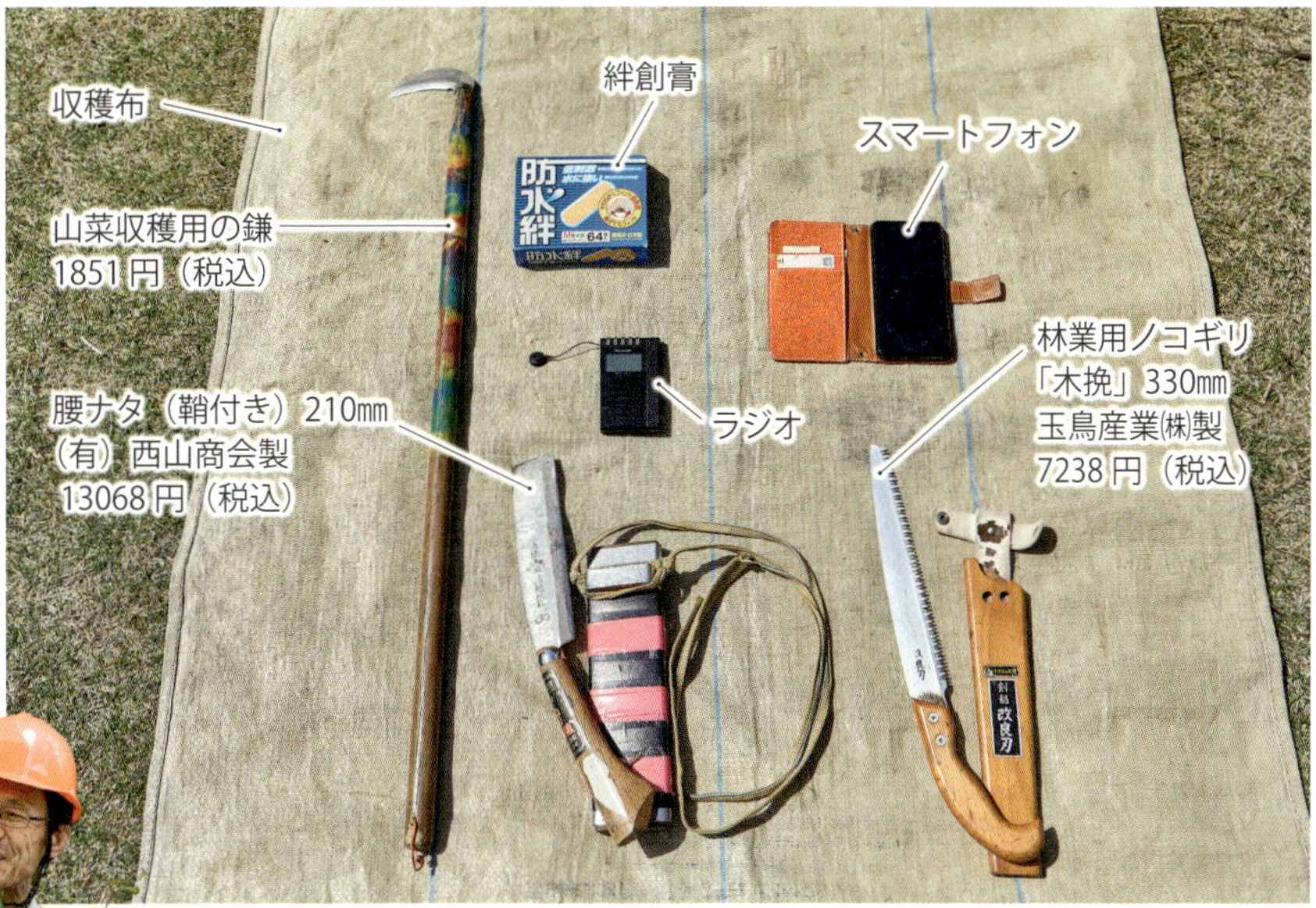

山のなかで収穫した枝や植物を包んで運ぶ収穫布（S）

錆《さ》びるので、私はプラスチック製を使っています。

大きさは、運送業者に出す1梱包を入れたいので、最低でも直径30㎝以上、15ℓタイプが必要です。価格は1個500～1000円といったところです。

また、荷造りは枝を束ねて梱包用のビニールで包むだけなので、特別な道具はいりません。運送するために商品を束ねていたヒモは市場に着くとすぐに解かれますが、枝を束ねているヒモはそのまま買い手に渡ります。この区別がつけやすいように、太めと細めの2種類のヒモを用意しておくと便利です。

ラッピング用の透明マルチは95㎝幅のものが使いやすく、枝が長くて足りないときには2枚、3枚と重ねて使うようにします。価格は200m巻きで2500円程度。そして、せん定バサミがあると、収穫した枝をスッキリ整える際や摘葉に便利です。

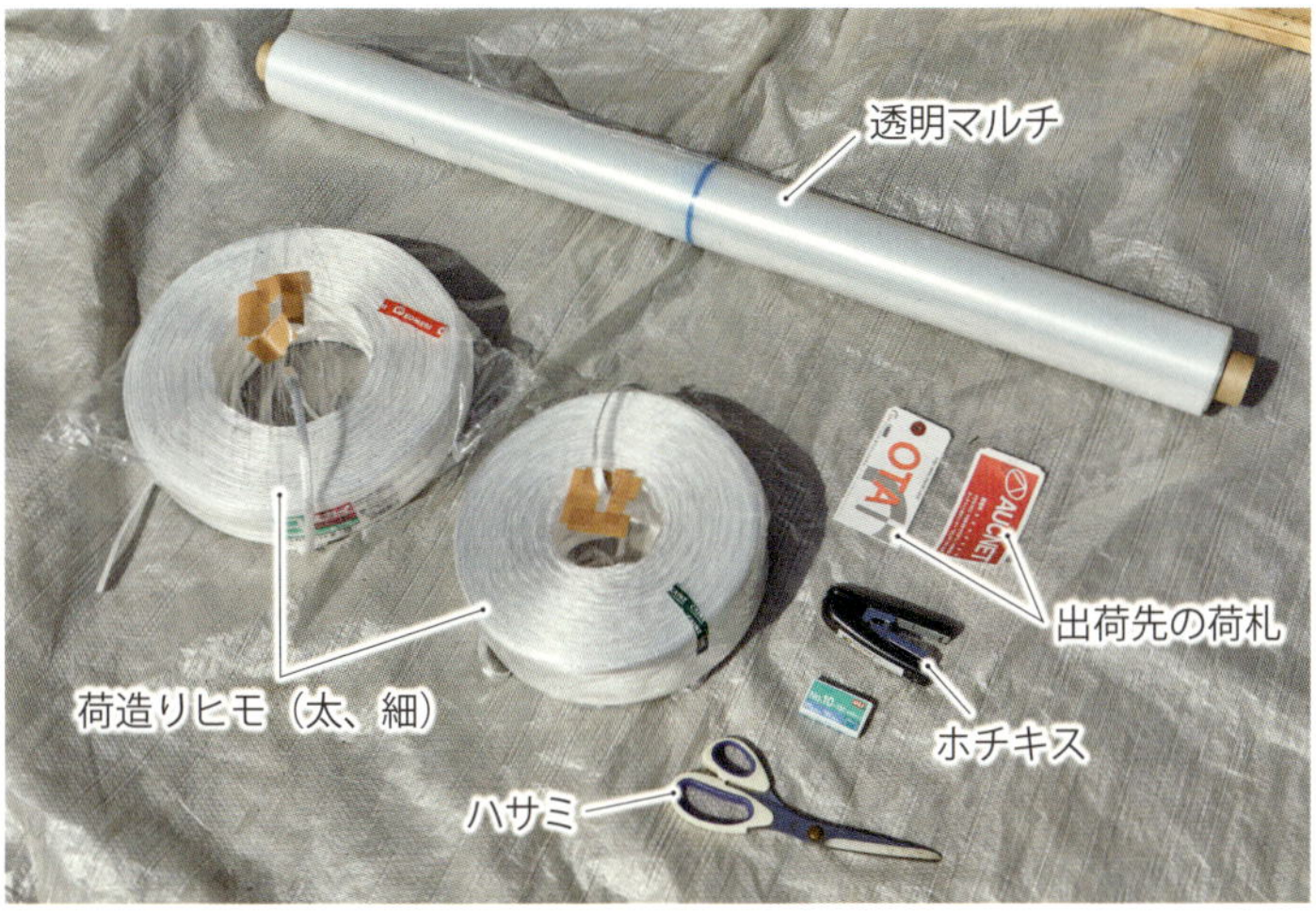

3 ● ナタで枝を切る

　カットする枝の長さは自分の背丈くらいが目安、長くても2m程度までにします。というのも、これ以上長くすると出荷のときにトラックの荷台に立てたまま積めなくなるうえ、幹の部分が多く重くなるため送料も上がるからです。

　反対に木が小さい場合、枝は1mや80cmなど短くしか収穫できませんが、最低でも50cm以上の長さがないと見た目が貧弱で、単価が下がります。ただし、近年はスマートフラワーといって市場側が無駄の出ない流通を目指し始めたので、小さめの商品が増えてくるかもしれません。

　多少短いと思える枝は成長すれば単価が上がるので無理に採取せず、翌年まで待つのが得策です。また、花物が売れるからといって、春に花つきの枝をすべて採取してしまっては、秋の実物が出荷できなくなります。新緑と紅葉の関係も然り。収入を上げるために、出荷量を増やしたいという気持ちはわかりますが、ナタを振り下ろす前に、後々のこともよく考えましょう。

収穫する枝の長さは人の背丈を基準に160～200cmが目安

柄の長い鎌は手が届かない枝を引き寄せるのに便利

右利きの場合は、ナタを右上から左下に振り下ろして使う（枝に対して刃を斜めに当て、繊維方向にくい込ませて切るというイメージ）。左手は安全上、必ず切るポイントの上を押さえる

ナタの切り口は斜め。表面積が広いので水揚げがよくなる

4 山から搬出する

山で収穫した枝は、出荷の荷造りなどを行なう作業場まで搬出しなければなりません。私の場合、作業場は自宅の庭にシートを敷いて確保。だいたい以下のようなパターンで作業しています。

朝7時前に朝食を済ませて出発。お目当ての樹種を探して山のなかを歩き、2～3時間ナタを振っていれば、200本ほどの枝が収穫できます。これを30本程度ごとに、収穫布（ベンリークロス）で包みます。10～15kgになるひと巻きを、衝撃で花や実が落ちないようにして丁寧かつ即座に車まで運びます。車がどこまで山のなかに入れるかによって異なりますが、私の場合は人力運搬で5往復程度、搬出時間は1時間程度かかり、すべて運び終わったところで昼になります。

運搬に使う車は、農家なら軽トラが活躍するところですが、私は乗用車しか持っていません。ただ愛車がステーションワゴンなので、助手席と後部座席を倒せば、長さ2m以上の枝でも楽々積むことができ、雨の日の運搬にも便利です。

収穫布（ベンリークロス）を敷き、採取した枝を置く。長い枝の場合は2枚、3枚使う

クルクル丸めて枝を包んでいく。収穫布は通気性があり、蒸れにくい

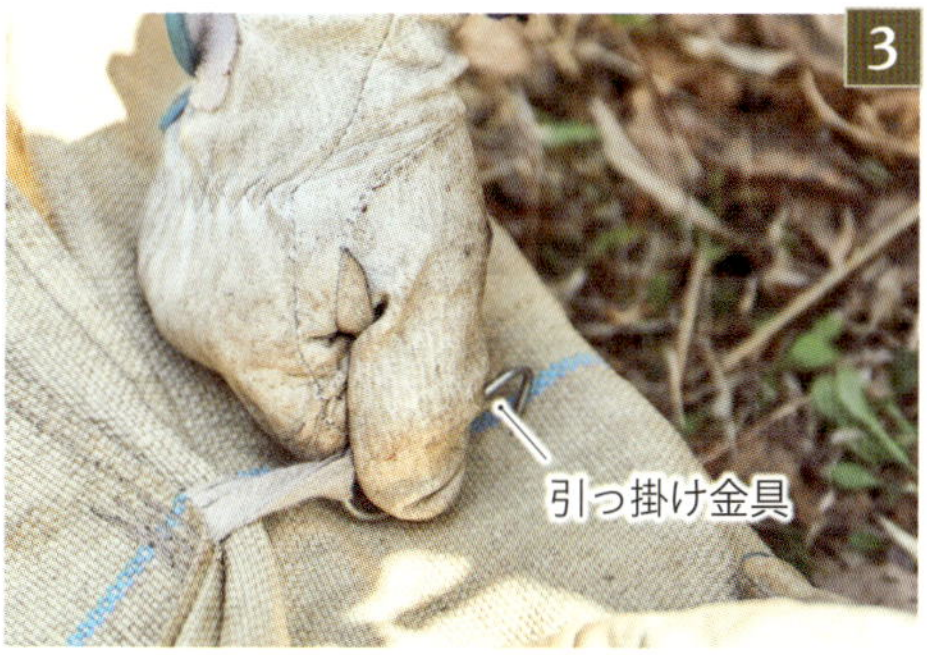

引っ掛け金具を布目にかけて止める。収穫量に応じて束の太さを調整できるので便利

持ち手があるので、山のなかも運びやすい。肩に担いだり、小脇に抱えたりもできる

5 水揚げする

山から運んできた枝物は、すぐに水揚げします。この際、水やバケツ自体を綺麗に保つことが重要なのはいうまでもありません。井戸水なら水道代がかからないのでベストです。

水揚げが悪いアジサイやカエデの仲間は、せん定バサミで切り口を二つに割ったり、樹皮を剥がしたり、叩いて潰したりするなどして表面積を増やすことで、水揚げを促進させることができます。

なお、殺菌効果があり、枝物の導管を詰まらせるバクテリアの発生を抑える効果がある台所用の塩素系漂白剤や木酢液《もくさくえき》を、バケツの水に少量垂らすと植物の水揚げがよくなります。

また、10円玉を10枚バケツの水のなかに入れるのも効果的といわれます。これは10円玉から殺菌作用のある銅が溶け出すためで、すでに変色した古い10円玉より、ピカピカした新品のほうが溶け出す銅の量が多く効果が高いそうです。ちなみに10枚ないからといって１００円玉を入れても効果はありません。

ブラシでバケツのなかをしっかり洗う。バクテリアが繁殖すると植物の導管に詰まって水揚げがうまくいかず、日持ちが悪くなる

塩素系漂白剤や木酢液を、ごく少量（数滴でOK）水に混ぜる。いずれも殺菌作用でバクテリアの増殖を抑える

せん定バサミで茎の先端を十文字に割る。表面積を増やすと水揚げの効果が高まる

茎を割ったら、すぐに深い（茎が20cm程度は浸かる）水に浸ける

6 枝を分解する

大きな枝は分解することで商品の数を増やすことができます。例えば、３ｍ余りに広がった１本の枝であれば、横に張った枝を切り離し、さらに幹を真ん中付近で切れば、１〜１.５ｍの枝が３本はとれるはずです。

切る前の長い枝が１本２００円でも、切り分けて１本１００円が３本になれば収入は１・５倍。ただ１本50円にしかならなかった場合は、手間をかけて商品価値を落としたことになります。切るか否か、切るとすればどう切るか、深くされど瞬時に悩み決断しましょう。分解は盆栽のせん定と似て楽しいものです。

摘葉も商品価値を上げる作業です。農業では、病害虫などを防ぐため余分な葉は取り除き、風通しをよくするために行なうのに対し、枝物生産では主に実をよく見せるのが目的です。

葉が多い樹種はけっこう手間がかかりますが、確実に単価を上げることができ、ガマズミやウメモドキなどの実物は、摘葉で赤い実が一層引き立ちます。

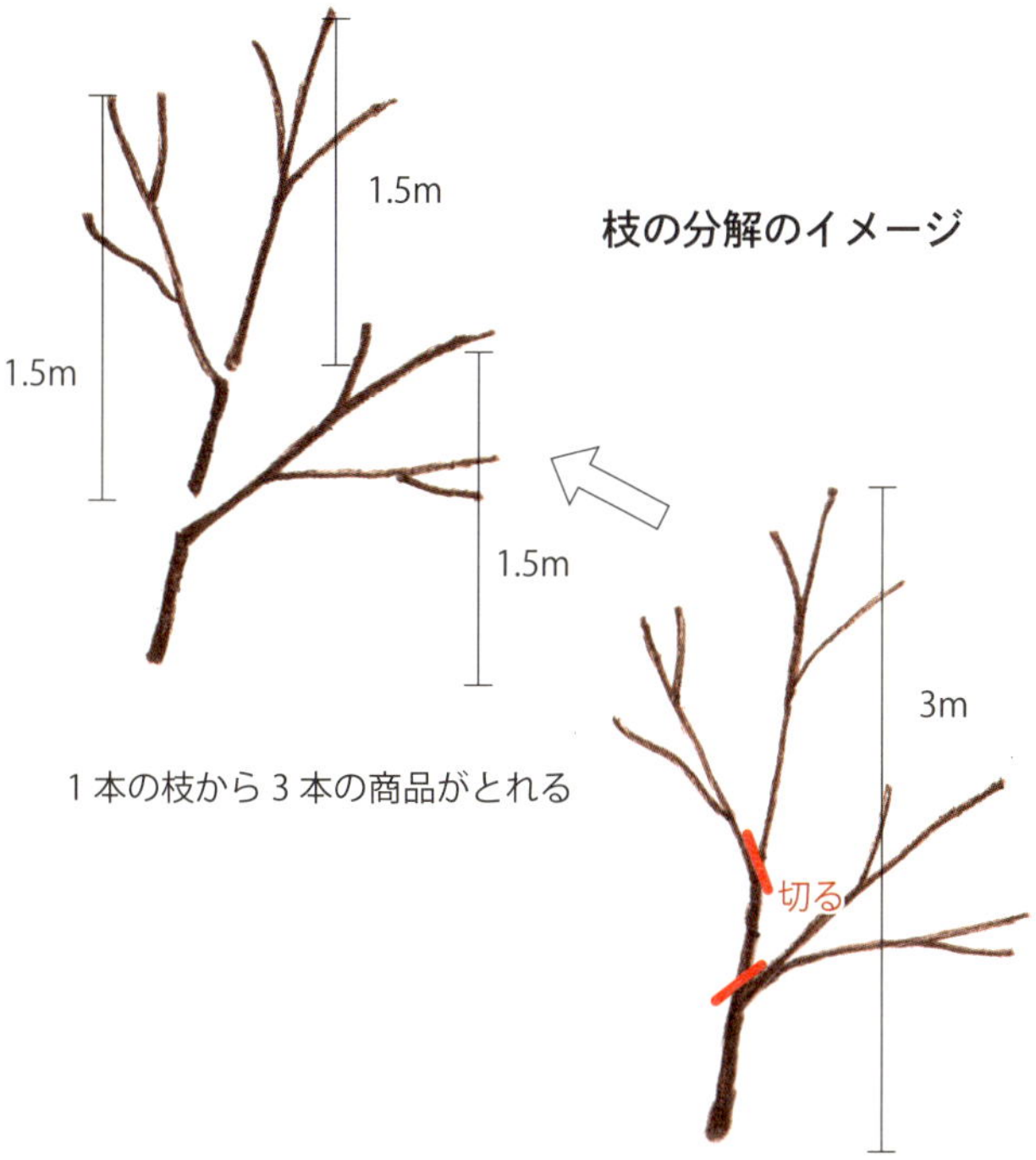

枝の分解のイメージ

1本の枝から3本の商品がとれる

大きな枝は分解することで、数本の商品に増やせる

せん定バサミで枝を分解していく

実物《みもの》で出す場合は、葉を取ることで単価が上がる

7 結束する

昭和の時代まで枝物を市場に出荷する際の荷姿は、ある程度規格をそろえた「規格束」や「シオリ束」と、規格のない「自由束」や「無双束」に分かれていました。

JAなどを通して出荷することが多いシキミやサカキなどは現代でも規格が残っていますが、これ以外の樹種は特別な基準はありません。ただし、運送業者や花き市場は運送費・出荷手数料を「品（しな）」または「梱包」単位で計算します。

私の場合、一般の枝物は10本、細い枝物は20本、草本は30本を束ねて「1束」にすることが多いです（実際に束ねる本数はサービスとして1割程度多めにしておく）。リョウブであれば11本、または22本で1束をつくり、それを三つ束ねて1品といった具合です。また、つるは1・5m程度の長さに折り畳み、支柱代わりになる太い枝とセットで結束するなどの工夫が必要になります。

運送の単位は「品」となるので、運送費を節約するために、束をうまくまとめて品（梱包）数を少なくします。

1 太い枝物は10本、細い枝物は20本（私の場合は1、2本おまけします）で束にする。最下部は枝をよく切り落としてから、ヒモを二重巻きにしてしっかり結ぶ

2 30～40cm間隔で結束するのが一般的

3 葉や花が傷まないように上にいくほどやや緩めに結ぶ

4 結束ヒモの間隔や結び目の向きを同じにすると美しい

8 ラッピングする

さて結束が終わったら、輸送中に葉や花が傷むのを防ぐためにマルチで梱包します。この際、セリのときになかの葉や花が見えるように透明マルチを用います。

枝物は市場に着くと、立ててバケツの水に浸けることから、切り口から20㎝程度はラッピングをしません。そこから上の部分から先端までを透明マルチで一周ぐるりと巻き、下からホチキスで止めていきます。ただし、蒸れないように、最上部だけは止めずに筒状のままにしておきます。何かの拍子に先端部分が塞がってしまうと、特に夏場は、内側が見えないほど結露ができてしまいます。当然、マルチのなかは湿気がムンムンで植物には相当なストレスになります。

この対策としてラッピングした後、細いドライバーなどで適当にブスブス刺してたくさんの穴をあけ、通気性をよくする方法があります。また、草本など背丈が低いものの束をラッピングするときには、スリーブという上部が広がった花束形のフィルムを使うこともあります。

透明マルチを敷く

下から20cm程度はバケツの水に浸けるので、その上から透明マルチで包む

包んだところを下からホチキスで止めていく。先端部は通気性をよくするため、あけたままにしておく

ラッピングが終わったら、ドライバーなどで透明マルチに適当に穴をあけて通気口をつくるのがポイント。風通しのよい日陰に保管し、なるべく早く出荷する

9 出荷する

ここまで終了したら、出荷まではラッピングした枝物をバケツに挿しておくことになります。その際、一つのバケツに三つの束を入れる場合、一つずつ入れると最後に入れる束の切り口が先に入れた束のロープに引っ掛かり、バケツの底までつかないことがよくあります。こうなると水が少なくなったときに、この浮いている束は水が吸えずにぐったりとなってしまいます。対策として3束をまとめて一度にバケツに入るようにすれば、切り口の高さをそろえることができます。入れる際にはそっと静かにではなく、一度に抱えてドスンと落とすように入れたほうが水揚げがよくなるそうです。植物がビックリして水を吸うから、という話もありますが、本当でしょうか……。

ところで、生産者自身が花き市場に搬入できれば運送費の節約になりますが、大半の里山林業家は宅配業者や生花を扱う運送業者［表3―1］にお願いすることになると思います。宅配便は随所に営業所があり、自宅まで集荷にも来てくれるなどとても便利です。しかし当然ながら、料金は割高になります。その点、生花専門の運送業者は集荷地点まで商品を運び込む手間はかかるものの、運送費は宅配便よりかなり安く済みます。

私が依頼している河内運輸㈱は、栃木から東京まで農産物などを毎日運んでおり、花き類は市日の前日となる日・火・木曜日の午前中に各集荷所を巡回し、枝物を運んでいます。集荷所では、運んでもらう市場ごとに出荷者がわかるようにして商品を区分けし、運送業者向けの出荷伝票［図3―1］を添付します。この伝票は運送業者と市場の双方に必要なので2枚、さらに出荷者控えとして1枚の合計3枚が必要です。

図3―1　運送業者向け出荷伝票

○○運輸様扱い

伝票No.

出荷日：令和　年　月　日

(株)里山林業市場　御中

出荷者　住所　▲▲県■■市1-2-3
氏名　森林　太郎
電話番号　080-1234-5678

出荷物　束　　個
箱　　個
その他　　個
合計　　個

備考

表3―1　花きを扱う主な運送業者

	会社名	都道府県	住所	電話番号	営業所等
1	㈲開陽総業	北海道	札幌市厚別区もみじ台北 5-7-11	011-398-5048	北広島西（北広島市）、北広島北（北広島市）、石狩（石狩市）
2	ASM トランスポート㈱	山形県	酒田市京田 2-1-11	0234-31-4011	関東（鶴ヶ島市）
3	㈱ライズトランスポート	群馬県	前橋市総社町 1-7-4	027-253-3302	
4	河内運輸㈱	栃木県	宇都宮市中岡本町 2850	028-673-1530	
5	㈱丸喜運輸 所沢事業所	埼玉県	所沢市東所沢 4-19-11	042-951-5505	本社（練馬区）、群馬（前橋市）
6	SAT ㈱	千葉県	成田市公津の杜 1-2-9 FUJI ビル 303	0476-37-3185	
7	丸協運輸㈱	長野県	東御市滋野乙 1519-1	0268-62-1166	
8	㈲大野園芸	岐阜県	本巣郡北方町高屋 1105	058-324-7774	
9	豊明物流㈱	愛知県	豊明市阿野町三本木 121	0562-96-1222	
10	日本植物運輸㈱		豊明市阿野町三本木 121（愛知豊明市場内）	0562-96-1203	豊明（豊明市）、豊橋（豊橋市）、東京（大田区）、埼玉（鴻巣市）、茨城（東茨城郡茨城町）、山形（山形市）、岩手（花巻市）
11	㈱鴻巣植物運輸		田原市高松町谷倉 33-2	0531-45-3698	埼玉（鴻巣市）、愛知西尾（西尾市）
12	りんくうフレッシュ㈱	大阪府	泉南市馬場 1-1-29	072-489-5640	第2センター（泉南市）
13	丸進運輸㈱	兵庫県	伊丹市森本 8-104	072-782-5553	伊丹（伊丹市）、水戸（水戸市）、関東（春日部市）、横浜（横浜市）、松本（安曇野市）、名古屋（名古屋市）、京都（久世郡久御山町）、南大阪（羽曳野市）、神戸（神戸市）、四国（高松市）、岡山（笠岡市）、広島（東広島市）
14	誠徳運輸㈱	徳島県	板野郡上板町瀬部 725	088-694-7700	徳島（板野郡藍住町）、松山（東温市）、神戸（神戸市）、東京（江戸川区）
15	㈱イトキュー	福岡県	糸島市多久 819-1	092-322-1741	甘木（朝倉市）、宮崎（宮崎市）、関西（姫路市）
16	三和陸運㈱		福岡市西区泉 1-2-2	092-806-3666	空港物流センター（福岡市）、糸島（糸島市）、久留米（久留米市）、長崎（長崎市）、都城（都城市）
17	㈱バンボード運輸	佐賀県	佐賀市嘉瀬町大字十五 342-5	0952-24-6231	神埼（神埼市）
18	㈲開成運送		杵島郡白石町大字福富 4178-1	0952-87-3655	

共同荷受所

19	東京花き共同荷受㈱	東京都	中央区京橋 1-1-5 セントラルビル 11F	03-3274-2031	物流センター（大田区）
20	永井㈱	東京都	江東区豊洲 6-6-2（豊洲市場内）	03-6633-0580	お台場物流センター（江東区）、羽田（大田区）、竹芝（港区）、芝浦（港区）

運送業者の集荷場所まで商品を持ち込む

ちなみに私の場合、出荷物が多い季節は50本程度の梱包を5個（約250本）、ほぼ毎週出荷。1本が50円程度で売れるので、売り上げは合計1万円以上になります。ただ運送費が1梱包当たり1500円程度かかることから、利益はほぼ半分になってしまうのが現状です。運送費は販売単価が高くても安くても変わらないので、単価が高い枝物をなるべく多く出荷することが収益を上げる近道です（と自分に言い聞かせます）。

コラム⑧

枝折りって何？

「枝折《しお》り」とは、切り枝を運びやすく、かつ蕾や花が落ちないように小さくまとめて「室《むろ》」に数多く入れやすくするため、江戸時代に生まれた結束の技です。この伝統技術を習得するには最低でも５年はかかるといわれ、かつては枝物生産を始めるうえで最初の難関とされてきました。しかし現代では、すべての枝物生産者が枝折りをマスターしているかといえば、そうとも限りません。なぜ、昔ほど重視されなくなったのかというと、「室に数多く入れやすくする」必要がなくなったことが、要因の一つです。

例えば、枝物の代表格であるハナモモは、蕾の状態の枝を採取。光や温度が管理できる暗室に入れ、桃の節句に合わせて花がほころぶよう開花を調節します。業界用語で「蒸《ふ》かし」という工程であり、このときに入れる暗室が室と呼ばれます。

生産者にとっては、その年の出荷量が室に入れる枝の量に比例することから、室はなるべく広いほうが望ましいわけです。光を遮るため、昔は地下や横穴に室がつくられたことから、とても狭い空間でした。そこで、限られたスペースになるべく多くの枝を入れるために、コンパクトに束ねる枝折り技術が必要だったのです。現代では照度の調節ができる温室での促成栽培が可能になり、昔ほど枝をコンパクトにしなくてもよくなりました。さらに、段ボール箱に入れて出荷する流通が多くなり、以前のような荷姿が少なくなったことも、枝折りの必要性が薄れた原因だといわれています。

それでも、老舗の枝物農家ではいまも枝折りが継承されており、毎年開催される花き園芸の祭典「花の展覧会」（主催：日本花き生産協会等）には、各地の腕自慢が枝折った芸術のような作品が多数出展されます。一見の価値がありますので、ぜひ一度足を運んでみることをおすすめします。

老舗の枝物農家による枝折り

関東東海花の展覧会に出品された「美しく枝折られた枝物」の数々

第4章

いろいろあるぞ 天然枝物の売り方

収穫した枝物をすべて自分で売るのは難しいので、大半は販売を委託することになります。最も一般的なのは卸売市場（花き市場）への出荷ですが、最近はウェブ上でオークションを行なうインターネット市場が注目されています。

また、農産物直売所やネット産直、地元の生け花教室に直接納める方法などもあります。どの販路にもメリット・デメリットがあるので、自分の里山林業の規模やコンセプトに合った売り方を探しましょう。

1 花き市場で売る

卸売市場とは

　農林水産省によれば、2023年度の実績で国内の花き販売農家数は約4万戸、総産出額は3519億円（枝物は224億円）で、その7割以上が卸売市場を経由して販売されているそうです。次ページの［表4―1］に全国の主な花き市場をまとめてみました。取引状況や市況報告、入荷数量など、詳しくは各市場のサイトをご覧ください。

　こうした卸売市場では、生産者から販売を委託された卸売業者が、仲卸業者や売買参加者（買参人《ばいさんにん》）に花材を売る仕組みになっています［図4―1］。卸売業者とは、市を開く人や会社のこと。例えば、東京都中央卸売市場 大田市場であれば「大田花き」と「フラワーオークションジャパン（略称FAJ）」という二つの卸売会社があり、週3日（月・水・金曜日）、朝7時から生花や枝物などのセリ（競売）を行なっています。

　セリに参加できるのは、原則として仲卸業者と売買参加者（買参人）のみです。その後、仲卸業者が市場で購入した花材を場内の店舗で小売業者などに販売。現在、大田市場では20軒ほどの仲卸業者が店を開いています。

　一方、買参人は場外に大きな店を構えたり、小さな花屋に卸したりしている業者です。仲卸業者も買参人も3年以上の仕入れ経験があり、かつ年間の仕入れ額が一定以上という条件をクリアすることで与えられる「売買参加権」という権利を持っており、その数は大田花き市場だけでも数千といわれます。

　このように卸売市場が複雑な仕組みになっているのは、卸売市場法の「第三者販売禁止の原則」や「直荷引き禁止の原則」、「商物一致の原則」などの決まりが足かせとなっていたからです。しかし2020年、卸売市場法の改正によってこうしたルールが廃止となり、これまで規制されていた卸売業者が仲卸業者を通さずに小売業者に直接販売する方法や、仲卸業者が卸売業者を経由することなく商品を仕入れることが、法律上可能になりました。

　このことから、今後は卸、仲卸等の業

図 4―1　市場の仕組み（東京都中央卸売市場の例）

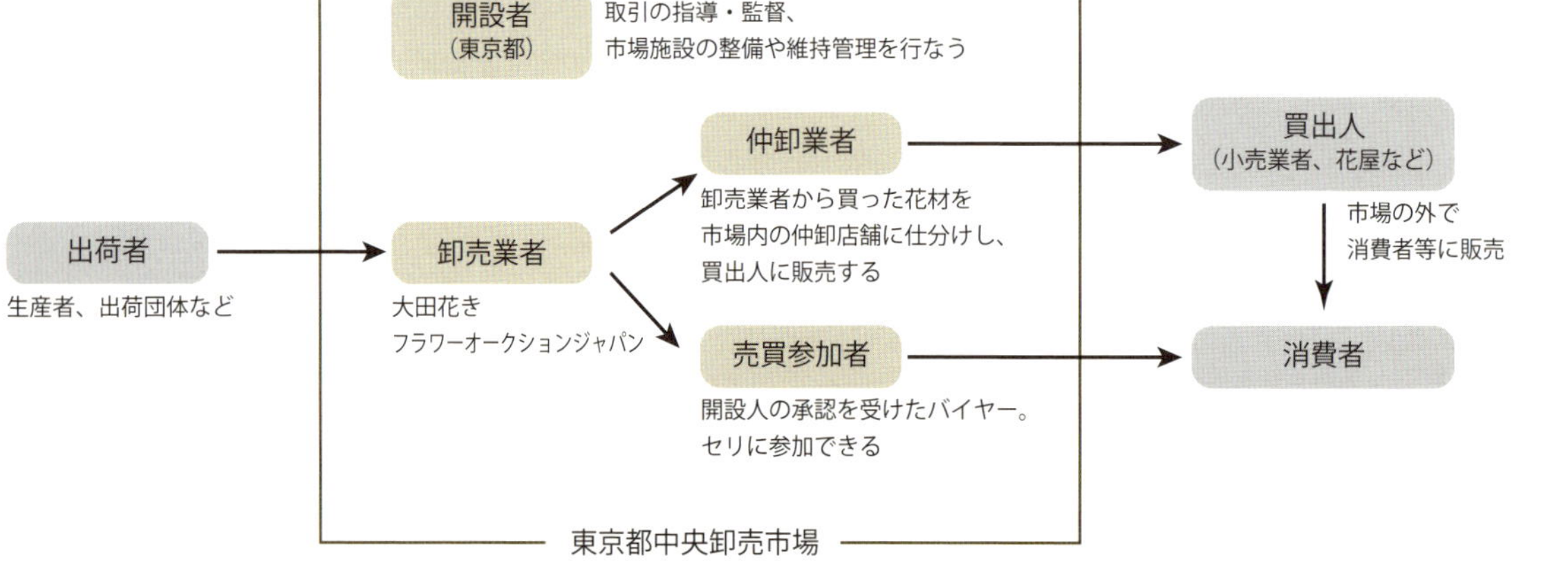

表 4-1　主な花き市場

	会社名	都道府県	住所	電話番号	FAX 番号
1	札幌花き園芸㈱	北海道	札幌市白石区流通センター 7-3-5	011-892-3287	011-892-4500
2	はまなす花き㈱	〃	〃	011-893-4187	011-893-7887
3	㈱旭川生花市場	〃	旭川市流通団地 2 条 2	0166-47-2181	0166-48-8588
4	仙台生花㈱	宮城県	仙台市宮城野区苦竹 4-1-20	022-232-8481	022-232-8475
5	㈱仙花	〃	〃	022-232-8484	022-232-8739
6	㈱石巻花卉園芸	〃	東松島市赤井南三 242-1	0225-83-8739	0225-83-8741
7	㈱山形生花地方卸売市場	山形県	山形市和合町 3-1-50	023-641-2300	023-641-1395
8	㈱福島花き	福島県	福島市北矢野目字樋越 1	024-554-1001	024-554-1331
9	㈱茨城県水戸市中央花き市場	茨城県	水戸市青柳町 4566	029-231-8711	029-227-3504
10	㈱宇都宮花き	栃木県	宇都宮市上御田町 340	028-688-1382	028-688-1383
11	群馬県中央園芸㈱	群馬県	高崎市下大類町 1258	027-353-0200	027-353-0119
12	㈱埼玉園芸市場	埼玉県	加須市下樋遣川 6000	0480-69-1118	0480-68-3918
13	㈱川越花き市場	埼玉県	川越市寺井 214-1	049-223-2121	049-223-2125
14	㈱大田花き	東京都	大田区東海 2-2-1	03-3799-5577	03-3799-1100
15	㈱フラワーオークションジャパン	〃	〃	03-3799-5525	03-3799-5448
16	㈱世田谷花き	〃	世田谷区大蔵 1-4-1	03-5494-8811	03-5494-8822
17	㈱第一花き	〃	足立区入谷 6-3-1	03-3857-7500	03-3899-5988
18	㈱東日本板橋花き	〃	板橋区高島平 6-1-5	03-3939-8701	03-3939-8700
19	東京フラワーポート㈱	〃	江戸川区臨海町 3-4-1	03-5674-7100	03-5674-7101
20	㈱第一花き立川地方卸売市場	〃	立川市西砂町 5-8-2	042-520-5322	042-520-5321
21	㈱青梅インターフローラ	〃	青梅市今井 5-2440-32	0428-30-4189	0428-30-4192
22	㈱南関東花き園芸卸売市場	神奈川県	厚木市長沼 253-3	046-228-2755	046-228-2767
23	川崎花卉園芸㈱	〃	川崎市宮前区水沢 1-1-1	044-975-2714	044-975-2765
24	㈱新花	新潟県	新潟市江南区茗荷谷 711	025-257-6900	025-257-6901
25	金沢総合花き㈱	石川県	金沢市二口町二 80-1	076-223-8711	076-223-8712
26	㈱金沢花市場地方卸売市場	〃	金沢市神宮寺 1-7-22	076-252-4611	076-252-4612
27	㈱松本花市場	長野県	松本市大字笹賀 7600-41	0263-57-4187	0263-57-6687
28	岐阜花き地方卸売市場	岐阜県	岐阜市前一色 3-6-10	058-245-6201	058-245-4102
29	㈱浜松生花地方卸売市場	静岡県	浜松市西区湖東町 5851-2	053-486-3132	053-486-2261
30	㈱するが花き卸売市場	〃	静岡市清水区尾羽 579-1	054-365-1187	054-365-5991
31	㈱静岡県花き園芸卸売市場	〃	沼津市西沢田榎田 332	055-923-1818	055-924-4118
32	豊明花き㈱	愛知県	豊明市阿野町三本木 121	0562-96-1187	0562-96-1188
33	㈱名港フラワーブリッジ	〃	名古屋市港区船見町 34-10	052-747-8701	052-747-8702
34	㈱名古屋花き	〃	名古屋市中区松原 1-16-25	052-322-4187	052-331-5184
35	㈱花春生花地方卸売市場	〃	名古屋市中区松原 1-16-30	052-332-2133	052-332-2098
36	京都生花㈱	京都府	京都市伏見区深草中川原町 13	075-533-8700	075-533-8711
37	㈱なにわ花いちば	大阪府	大阪市鶴見区茨田大宮 2-7-70	06-6914-2300	06-6914-2070
38	大阪鶴見花き地方卸売市場	〃	〃	06-6914-2200	06-6914-2080
39	㈱ JF 兵庫県生花 大阪本部 梅田生花市場	〃	豊中市原田南 1-15-1	06-6864-2131	06-6866-1814
40	西日本花き㈱	〃	泉大津市小津島町 4	0725-31-4187	0725-32-8711
41	㈱姫路生花卸売市場	兵庫県	姫路市御国野町深志野 300	079-253-9600	079-253-9950
42	㈱ JF 兵庫県生花（神戸本社）	〃	神戸市東灘区深江浜町 1-1	078-451-8900	078-451-8976
43	岡山総合花き㈱	岡山県	岡山市南区市場 2-1	086-265-8711	086-265-0101
44	㈱花満	広島県	広島市西区草津港 1-8-1	082-279-2611	082-279-2616
45	㈱広島県東部花き	〃	福山市赤坂町大字赤坂 1143-1	084-952-4040	084-952-3999
46	㈱下関合同花市場	山口県	下関市椋野町 3-8-18	083-231-3031	083-231-3084
47	㈱高松花市場	香川県	高松市西町 12-1	087-834-8718	087-834-8715
48	㈱ TK なにわ花いちば	徳島県	徳島市市川内町鈴江西 48-1	088-666-0878	
49	㈱愛媛花市場	愛媛県	松山市久万ノ台 348-1	089-925-8787	089-925-8445
50	㈱土佐花き園芸市場	高知県	高知市布師田 3024-1	088-845-8700	
51	福岡県花卉農業協同組合（福岡花市場）	福岡県	福岡市東区松田 1-3-20	092-621-6767	092-611-0139
52	福岡県花卉農業協同組合（北九州花市場）	〃	北九州市小倉北区西港町 122-7	093-581-3811	093-562-8828
53	久留米花卉園芸農業協同組合	〃	久留米市山本町豊田 1485-1	0942-47-3322	0942-47-3323
54	熊本県花き園芸農業協同組合	熊本県	熊本市南区南高江 5-6-71	096-357-8700	096-357-2261
55	㈱大分園芸花市場	大分県	大分市金谷迫 1114-1	097-544-8718	097-546-8718
56	㈱都城園芸花市場	宮城県	都城市志比田町 5571-1	0986-24-8718	0986-25-8618
57	㈱宮崎中央花き	〃	宮崎市新別府町雀田 1185	0985-28-7732	0985-28-7749
58	㈱鹿児島園芸花市場	鹿児島県	鹿児島市与次郎 1-4-30	099-253-1616	099-256-2190
59	鹿児島県花卉園芸農業協同組合	〃	鹿児島市吉野町 5070-1	099-244-8718	099-244-8719
60	沖縄県くみあい生花㈱	沖縄県	浦添市伊奈武瀬 1-11-1	098-866-9887	098-866-9883

インターネットオークションサイト

1	㈱オークネット	東京都	港区北青山 2-5-8 青山 OM スクエア	03-6440-2500	03-6772-0675

務の効率化や生産性の向上を図るため、流通経路を簡素化する動きがどんどん出てくるものと思われます。

まずは生産者登録

枝物を市場で販売する場合、最初に行なわなくてはならないのが生産者登録（新規出荷登録）です。この登録には、資格や難しい許可が必要なわけではなく、山林や農地を持っていなくても、出荷さえできれば枝物生産者になれます。

生産者登録書の様式は、各市場によって異なりますが、概ね［図4―2］のような項目になっており、年齢や職業も不問です。登録料もかからず、毎年更新するなどの手間もありません。ただ、市場ごとにこの登録が必要となるため、いろいろな市場で試したい生産者には、最初は少し面倒かもしれません。

登録書の提出やその後の手続きなどは、パソコンやスマホのEメール、もしくはFAXで行ないます。市場側としてはEメールのほうがデータを管理しやすいことから、通信料を無料にするなどしてEメールを推奨しています。

登録の際には、売上金の支払いを月末に1回か、15日と月末の2回にするか、いずれかを選択することが可能です。最初は大きな取引もないでしょうから、月末1回で十分かと思います。

また、出荷のたびに手数料などがかかります。市場手数料とは販売委託料のこと。平たくいえばセリなどにかける手間代といったところです。荷扱い料とは、実際に商品を動かす経費のことで、商品1品につきいくらと決めている市場があります。

通信料とは、販売した結果を知らせるための「売立《うりたて》通知書」を送るための経費で、FAXの場合はハガキ代相当の85円、郵送の場合は封書代の110円であるのに対し、Eメールであれば無料という市場が多いようです。この他、販売代金の振込手数料などが差し引かれることもあります［図4―3］。

図4―2　新規出荷登録書（記入例）

フリガナ	シンリン　タロウ		
出荷者名	森林　太郎		
郵便番号	012-3456		
住所	▲▲県■■市 1-2-3		
電話番号	000-123-4567		
携帯番号	080-1234-5678		
FAX 番号	000-123-4568		
E-mail アドレス	shinrin-t@bbbb.co.jp		
送り状送付方法	FAX	E-mail	
売立書送付方法	FAX	E-mail	郵送
支払い方法	月末	15・月末	

銀行名	▲▲銀行
支店名	■■支店
口座番号	1234567
フリガナ	シンリン　タロウ
口座名義人	森林　太郎

＊売立書送付がFAXや郵送の場合は有料（110円）
＊出荷者と口座名義人は同一にしてください

送り状（出荷伝票）の書き方

市場に花材を出荷する際には、生産者に対して概ね［図4―4］のような約束ごとが決められています。

最初の【販売日】とは、市日のことです。枝物（切り枝）の場合は、ほとんどの市場がセリを月・水・金曜日の週３日にしているので、生産者は前日の日・火・木曜日の夕方までには出荷品が市場に届くように段取りすることになります。

次の【送り状】とは、出荷伝票のことです。商品が市場に届く前に、生産者は何をどれくらい送るのか、あらかじめ市場に知らせておくことで、市場側も販売に向けて動くことができます。出荷する商品が決まったら、なるべく早く出荷伝票をＥメールやＦＡＸで市場に送信しましょう。

出荷伝票は、通常１１１ページの【図４―５】のような様式になっているので、項目に沿って必要事項を記載します。まず、枝物を出荷するのですから【品目名】は「枝物」もしくは「エダモノ」と記入。【品種名】には、山から採ってきた樹木の名前を書き入れます。

里山林業の入門者にとっては、この樹種の識別が最初の関門かもしれません。この品種名が多少違っていたとしても大きな問題になることはありませんが、プロの生産者としてなるべく正確な品種名を記載したいところです。私は植物図鑑

図 4―3　支払いに関するご案内（例）

【支払い】

・販売金額から、市場手数料、荷扱い料、通信料、振込手数料を控除した金額をお支払いいたします。
・当社と業務提携した集荷便をご利用いただいた場合には、集荷料金も控除いたします。
・1 回締め（月末）、または 2 回締め（15 日・月末）のどちらかをお選びいただき、10 日後に指定の口座にお支払いさせていただきます。

【市場手数料】

・市場手数料として、販売金額（消費税含む）の 8%を頂戴します。

【荷扱い料】

・荷扱い料として、一品につき、横にしてもよい商品は 50 円、縦の商品は 100 円を頂戴します。

【通信料】

・売立通知書送付のための通信料として、FAX の場合 85 円、郵送は 110 円を頂戴します。なお、E-mail の場合、通信料はいただきません。

図 4―4　出荷に関するご案内（例）

【販売日】

・市日は切り花（切り枝）が月・水・金、鉢物が火・木・土です。

【送り状】

・出荷する場合は、必ず送り状（出荷伝票）でお知らせください。
・送り状の日にちには、出荷日ではなく販売日（市日）をご記入ください。
・生産者コードがわかる場合はご記入をお願いします。
・規格の項目は必須ではありません。
・送り状は、販売日前日の午後 6 時までに E-mail もしくは FAX でお送りください。
・当社ではなるべく E-mail での送信をお願いしています。

【出荷票（荷札・シール）】

・箱で出荷する場合は、出荷品個々の箱の上面に出荷票を貼付してください。箱を使わない場合は、被覆したビニールの上部にお付けください。（下部に付けると、水に浸かり記入事項が読めないことがあります。）
・出荷票には、生産者の氏名、連絡先、品名、入本数等を記入してください。また、生産者コードがわかる場合は記入をお願いします。

【納入方法】

・直接納品、宅配業者・運送業者による納品、共同荷受所経由の集荷便による納品等がありますので、当社にご相談ください。
・当社到着後は、場内、定温庫等で管理します。
・箱を使わない場合は、結束を十分に行ない、ビニール被覆をして納入してください。
・納品は、市前日の場合、午後 5 時まで、当日は午前 6 時までにお願いします。

とにらめっこして木の名前を覚えましたが、最近ではスマホのアプリ、例えば「グーグルレンズ」で画像を取り込めば、即座に名前を教えてくれます。便利な世の中になったものです。なお、出荷する枝物のセールスポイントが花や実であった場合は、品種名の後に（花）や（実）などと強調しておくと、バイヤーの目に止まりやすくなります。

【等階級】には、商品の長さを記載。市場によってはわかりやすく「長さ」の欄を設けていることもあります。ここには、束のなかで最も短い枝の長さを10cm括約で記載するのが一般的です。長い分には問題ありませんが、短いとクレームの対象になりかねませんので注意しましょう。

【入数】とは1束当たりの本数で、通常10本とか20本になります。この入数には、出荷者がサービスで加えた本数は含みません。そして**【口数】**には、出荷する束の数を書いてください。

売立通知書の見方

市日の昼頃までには、売り上げの結果が記された「売立通知書」【図4―6】がEメールやFAXで送られてきます。この通知は、送り状とほぼ同様に**【品種名】**や**【合計本数】**等になっており、その右に**【単価】**と**【金額】**の欄が追加されています。

出荷者にとっては、ここに記載された数字がテストの採点結果のようなもの。市場手数料や運送費などの諸経費を差し引くと赤字になってしまうような金額のときもあれば、予想よりもずっと高く売れることもあるなど、毎回ギャンブルのような楽しみを与えてくれます。

なかには値段がつかず、売れない束もあります。その場合は市場側で廃棄してくれますが、近頃は環境に配慮してこのような「フラワーロス」を少しでも減らそうという動きが広がっています。何でもかんでも出荷するのではなく、利用者が欲しがるような枝物の出荷を心掛けましょう、と自分にも言い聞かせています。

なお**【備考】**に「葉悪し」など、売れ残った原因が書かれていることがあります。その際は、今後の改善点を教えてもらえたのだと、前向きに受け止めましょう。里山林業は楽天的な心構えと、負けてもへこたれない精神力が必要です。

枝物の取り扱いが多い仲卸業者の店

最後に、市場手数料と荷扱い料についてひと言。大半の市場は、市場手数料が10％で、このなかに荷扱い料が含まれています。ただし、大田花きの場合は市場手数料が8％に抑えられている代わりに1口110円の荷扱い料が別途かかるため、束をたくさん出荷すると荷扱い料が予想以上にふくらむことになります。出荷する商品は小さい束がたくさんなのか、大きいのが一つなのかによって、出荷する市場を変えることもあります。

3種類の取引方法

ところで市場取引というと、多くのバ

図 4—5　出荷伝票（例）

販売日：2024 年 5 月 20 日

市場名：（株）里山枝物市場

生産者コード：1-23-456
生産者名：森林太郎
電話番号：000-123-4567
FAX 番号：000-123-4568

	品目名	品種名	等階級		入数	口数	合計本数	備考		注文
1	エダモノ	リョウブ	190		20	2	40			
2		リョウブ	190		30	2	60			
3		リョウブ	170		20	1	20			
4		エゴノキ（花）	180		10	2	20			
5		アオハダ	180		10	3	30			
6		アオハダ	170		10	1	10			
7		アオハダ	140		20	1	20			
8		コナラ	180		10	1	10			
9		アカシデ（実）	180		10	1	10			
10		アカシデ（実）	150		20	1	20			
11										
					合計	15	240 本			

図 4—6　売立通知書（例）

販売日：2024 年 5 月 20 日

生産者コード：1-23-456
生産者名：森林太郎
電話番号：000-123-4567
FAX 番号：000-123-4568

（株）里山枝物市場
TEL 00（1234）5678
FAX 00（1234）5679

	品目名コード	品種名	等階級	立数	入数	口数	合計本数	単価	金額
1	500-199	リョウブ	190		20	1	20	200	4,000
2	500-199	リョウブ	190		20	1	20	180	3,600
3	500-199	リョウブ	190		30	1	30	130	3,900
4	500-199	リョウブ	190		30	1	30	124	3,720
5	500-199	リョウブ	170		20	1	20	160	3,200
6	500-350	エゴノキ（花）	180		10	1	10	300	3,000
7	500-660	アオハダ	180		10	1	10	102	1,020
8	500-660	アオハダ	180		10	1	10	100	1,000
9	500-660	アオハダ	180		10	1	10	92	920
10	500-660	アオハダ	170		10	1	10	50	500
11	500-660	アオハダ	140		20	1	20	35	700
12	500-4111	コナラ	180		10	1	10	150	1,500
13	500-1	アカシデ（実）	180		10	1	10	11	110
14	500-1	アカシデ（実）	150		20	1	20	14	280
15									
					合計	14	230 本		27,450

合計	消費税	税込金額	手数料	荷扱い料	口数	差引金額
27,450	2,745	30,195	2,416	1,650	15	26,129
備考	エゴノキ 1m80　10 × 1　水下がり売れず					

税込金額の 8%　発送した束数

入数 10 が 1 口
売れなかった理由

口数× 110 円
（売れなかった束も含まれる）

イヤーを前にセリ人が指でサインを出しながら、威勢のいい声をあげている場面が浮かぶと思います。

セリ取引とは、卸売業者のセリ人が、公開の方法により多くの買い手に競争で値をつけさせ、最も高い値をつけた人に売る方法で、徐々に値が吊り上がっていく「競り上げ」方式が一般的です。ところが花き市場のセリは反対で、高い値段を徐々に下げていく「競り下げ」方式で行なわれるのが普通です。

競り下げとは、セリ場の前方上部に「セリ時計」と呼ばれる大きな電光表示板があり、そこにはセリ人が設定した販売価格や商品名、生産者名、数量などが表示されています。セリ人が商品を掲げると、このセリ時計の針が徐々に下がり始め、買い手は欲しい花材が希望の金額まで下がったときに、テーブルに設置されたボタンを押すという方法です。

競り下げ方式の導入によって、セリにかかる時間は大幅に短縮されることになりました。ただし、時計の針は十数秒でゼロまで下がってしまうのですから、買い手にとっては希望の商品を買い逃すことなく、されどなるべく安くなってからボタンを押すという真剣勝負が、1時間以上も続くことになります。そしてこの競り下げ方式では、商品が買い手にお披露目されているうちに、その価値を認めてもらえないと、最後までボタンが押されずにゼロ円が確定してしまうことになります。自分の商品のセリに立ち会ったときに、針が下まで下がりきってしまうと、十数秒とはいえとてもつらいと経験者は語ります。経験者とは私です。

さて、市場の花形であるこのセリですが、じつはこのように競られるのは、市場に出された商品の2割程度でしかなく、それよりずっと多くの商品がセリの前に行なわれる「相対《あいたい》取引」によって買い手や値段が決まっているのが近年の市場取引の現状です。

相対取引とは、生産者からの出荷伝票をもとに、セリの前に卸売業者がその商品の情報を買い手に提示し、価格や数量を交渉により決めるという方式です。相対のメリットは、売る側も買う側もセリの手間が省けることと、セリの時間を待たずに商品の配送ができるので鮮度が保てることなどが挙げられます。市場取引の多くは、セリが行なわれる前の夜間に行なわれているということですので、担当の方はいつ睡眠をとっているのか心配になります。

さらに、それほど数は多くありませんが「注文取引」になることもあります。これは卸売業者が買い手から事前に受注した商品について、出荷前の生産者に連絡を入れて期日と数量を指定して出荷してもらう方式です。

通常は出荷されてきた商品を相対やセリで売りさばいている卸売業者が、注文取引の場合は自分から商品を探し集めて販売することになるので、いかに多様な生産者と強いつながりがあるかが問われることになります。定番の花材が不作の年には、有名な生産者のところには多くの市場関係者から問い合わせがあるそうです。私も早く有名になりたいものです。

なお、ほとんどの出荷物を一度相対にして商談がまとまらなかった商品だけをセリに回したり、最初から市場の担当者が相対とセリを振り分けたりするなど、市場によってやり方は異なるようです。

取引方法で単価は異なる

このように卸売市場での取引は、セリ、

相対、そして注文の三つに大別され、同じ商品でも取引方法によって商品の単価が異なってきます。

最も高値になるのが、市場側が生産者に「○○○を出荷してほしい」とお願いするかたちである「注文取引」です。特に是が非でもその商品が欲しいという注文になれば、生産者側の言い値での取引が可能になります。

次に高額になるのが「相対取引」。市場側も、買う側も、その商品が適正な価格で安定流通することを望んでいるわけですから、相場と思われる価格より少し高めで取引される傾向があります。

そして意外かもしれませんが、最も単価が低くなりやすいのが、特別に注文があったわけではなく、確実に買い手が見つかる定番商品でもない、いうなれば売れ残り商品が集まる「セリ取引」になります。買い手としては、必要な商品が相対取引で確保できなかった場合以外は、無理にセリで買い物をする必要はありません。ただし、セリは掘り出し物が見つかるという魅力もあります。そのため、セリを重視するバイヤーのなかには、バックヤードで事前に品定めをする人もいるほどです。

私が出荷する天然枝物の多くは、セリ取引で値段がつけられます。まだまだ未熟者のため、値段がつかないような商品を出荷してしまうことも多々あることから、これまでにセリで売れた枝物の平均単価は、１本当たり70円程度です。相対取引に回してもらえたときの平均単価は、セリ値のほぼ2倍、１００～１５０円になることが多いです。そしてきわめて稀ながら、注文取引のときは、相対取引の2倍、２５０円前後の高値になったこともありました。

このことから、セリではなく相対での取引、さらには注文がなるべく多くもらえるような商品を生産することが、目指すべき経営といえるでしょう。ただし、売れ筋の花材をたくさん出荷しようとすると、必然的に栽培技術が必要になり、天然枝物ではなく施設農業への転換が頭をよぎることになるはずです。もちろんそれはそれで一つの経営の在り方ですが、私は勝手に生えてくる植物を採取・出荷し、その値段に一喜一憂する気ままな里山林業を選びました。あまり儲かりはしませんが。ハハハッ

大田花きのセリ風景。枝物はＨ（一番手前）のセリ台で競られることが多い

セリ場の買い手席は朝７時でこの盛況ぶり
「皆さん！　私の枝物を買ってください！」

2 インターネット花市場で売る

オークネットの仕組み

一般の花き市場のセリは、限られた卸売業者等が現物を見ながら行なうのに対し、㈱オークネットという会社ではインターネット上の画像を参考に、在宅のままでセリができる専用サイトを開設しています。

このサイトは、小売業者や生花店等も参加できる競り下げ方式によるオークション形式であり、これまで市場ではなかなか見つけられなかった個性的な花材でも、買い手が自分でじっくりと見つけ出すことが可能です。

オークネットでは、生産者が商品を発送するのは他の市場と同じ日・火・木曜日なのですが、その前日（土・月・水曜日）の夕方までに情報センターに送り状と商品の画像を送信するのが基本的なルールです。

なぜ、送り状と画像がこれほど早く必要になるかというと、オークネットの市日は他の花き市場より一日早い日・火・木曜日の午後1時からであり、さらにその前日の土・月・水曜日の午後6時からネットでの相対取引が始まるからです。

この相対取引では、時間になると専用サイトに商品一覧と希望価格、画像が一斉にアップ。そのなかから買い手は欲しい商品を見つけ出し、即座に「購入」をクリックするという早い者勝ちのルールになっています。そうして市日（日・火・木曜日）の朝までには多くの商品の買い手が決まり、売れ残った商品が午後1時から始まるセリに回る仕組みになっています【図4―7】。

２０２３年12月時点で、オークネットの出荷会員（個人、系統団体）は３３００社、買参会員（スーパー、花屋、葬儀屋）は１３５０社、年間取扱高は83億円にのぼります。

商品の画像が決め手になる

オークネットの最大の特徴は、商（出荷情報）と物（花き）が完全に分離していることです。生産者が出荷した商品が輸送されている間に、ネットオークショ

図 4―7　オークネットの花市場の仕組み

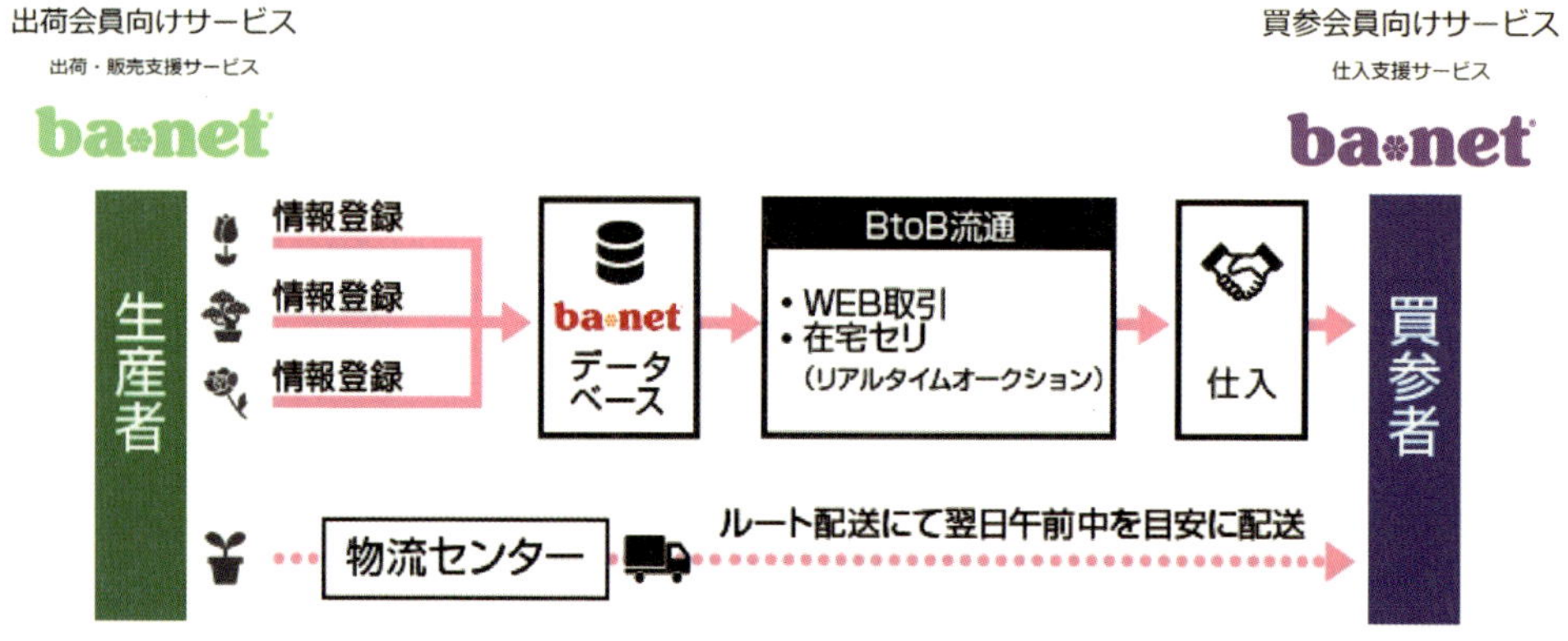

ンで大半の取引が完了。オークネットの物流センターに届いた商品をすぐに買い手に発送することができます。

これにより商品のストック時間が短縮でき、鮮度が保たれる（傷みによる返品が少なくなる）ことや買い手が市場まで通う必要がないことなど、商物分離には様々な利点があります。そして里山林業からすれば自分の商品を画像でPRできることが大きなメリットになります。

通常の相対取引は、届く商品がサンプルで見るものとほぼ同じ出来栄えであるという信用の元に値段を決めます。これに対し私が出荷するのは、1束ごとに内容が異なる天然枝物なので、卸売業者も買い手も現物を見るまでは値段をつけることが難しく、どうしてもセリにかける必要がありました。そしてその頼みの綱のセリも、お披露目時間はわずか十数秒。天然枝物ならではのよさを買い手に伝えるのは至難の業だったのです。

ところがオークネットのインターネット花市場では、商品画像を2枚掲載することができ、1枚は全体的な画像、もう1枚は好きなアングルで枝物のアップを撮り、チャームポイントをじっくり見てもらえる画像にすることができます。これによって、一般的には流通させることが難しい「定番ではない樹種」でも商品にすることができます。他にも梱包前の画像で、枝ぶりのよさや色変わりした葉っぱのおもしろさなど、天然枝物ならではの特徴もPRすることができるようになりました。

さらに、5本の枝物を出荷する場合、一般の市場に出すには5本とも同じ樹種で、同じ長さにそろえるのが基本ですが、オークネットでは長さや樹種が不ぞろいであっても、あらかじめそれを画像できちんと示しておけば、その「訳あり」を納得したうえで買ってくれるお客さんもちゃんと現われます。

この訳ありミックス商品は、生け花教室では使いづらいかもしれませんが、個人用であればお買い得だと感じる人もいるようで、意外と人気があります。

オークネットに送信できる画像は1商品につき2枚まで。1枚目は全体を写す。大きさがわかったほうが買い手に喜ばれる

2枚目の画像は、PRする箇所を中心に。このバイカツツジはきれいに開く5枚の葉がチャームポイントだった

オークネットのインターネットオークションの画面（著者の出品時）

図４―８　オークネット参加申込書　参加規定抜粋

【市場規定】
第５条　開市日時
当オークションの開催日、開催時間は以下の通りとする。
1. 切り花および鉢物オークションは、毎週火曜日、木曜日、日曜日の午後１時から終了するまでとする。
2. オークション開催日、開催時間は、当社の都合により変更する場合がある。

【運営規定】
第１条　出荷方法
出荷の手続きは以下の通りとする。
1. 会員は、当社専用用紙「出荷明細書」に出荷する商品を記入し、提出すること。ただし、当社が認めた場合、出荷会員専用用紙にて提出も認める。
2. 「出荷明細書」は、必要事項をすべて記入すること。
3. 会員は、締め切り時間までに出荷明細書を提出すること。
4. 出荷商品の輸送は、第７章第１条に定めた方法により行なうこと。

第６条　決済
取引代金（以下「売立代金」という。）の決済は、以下の通りとする。
1. 毎月２回（15日、末日）当社より売立計算書を発行する。
2. 売立代金の支払い方法は、以下の方法で行なわれる。
■毎月１日～15日までの売立代金は、当月25日支払い。
■毎月16日～末日までの売立代金は、翌月10日支払い。
■精算は、銀行振り込みで行なう。ただし、金融機関の休業日は前日の営業日に支払う。
■手数料およびその他の費用は、売立代金と相殺して精算する。

第７条　委託手数料
当社が定める委託手数料は、切り花8.5％、鉢物9.5％。また、手数料は当社の都合により変更する場合がある。

出品までの各種手続き

卸売市場と同様にオークネットで販売する場合も、最初に行なうのが生産者登録です。インターネットで「オークネット（スペース）花」で検索し、アグリ部門の「ba＊net」（バネット）を見つけます。次に出荷会員向けサービス「出荷・販売を希望される方」をクリックすると、入会後の出荷ルールが説明されています【図４―８】。

お問い合わせフォームに住所、氏名等を入力して送信すれば、参加申込書が封書で送られてきます。これに必要事項を記入し押印して提出します【図４―９】。ほどなく出荷者コードと生産者コードが与えられるので、パスワードを設定すればめでたく生産者の仲間入りです。

他の市場と同じように、オークネットも送り状の様式は任意なので、私は118ページの【図４―10】のような手製の送り状にしています。そして出荷の際には、これをオークネット・アグリ事業部の送り状／画像専用のメールアドレスに画像とともに送信します。

商品の画像は、市日（月・水・金）の

図 4—9　「参加申込書」記入例

参　加　申　込　書

A：お客様用

参加申込書の裏面条項及び下記「個人情報のお取扱い」に同意の上、申込致します。

会員番号								
					—			

荷主番号		

出荷分類	1. 切花	2. 鉢物	3. 資材

← 選択願います。

会社名	株式会社 オークネット 本社：東京都港区北青山 2-5-8
申込日	年　　月　　日

【1. ご参加者】

全てご記入願います。

フリガナ	オークネットバラエン		印
会社名（屋号）	王　駒　網　人　バ　ラ　園		
インボイス番号		農協コード	※印鑑を押印願います。
フリガナ	オークネット		
代表者名	王　駒　網　人		
フリガナ	トウキョウト　ミナトク　キタアオヤマ		
住　所 所在地	（〒 107 - 0061 ） 東京都港区北青山 2-5-8		
電話番号	03-6440-2400	FAX 番号	03-6888-1677

【2. 指定金融機関】

全てご記入願います。

金融機関 CD	0 0 0 1	支店 CD	0 0 1	（ご注意）ゆうちょ銀行ご利用の場合、振込用の店名・預金種目・口座番号をご記入願います。 （ゆうちょ銀行口座番号では、振込むことはできません。）	
金融機関	み　ず　ほ	銀　行（○） 信用金庫 信用組合	農　協 労働金庫 信用連合	丸　の　内	本　店 支　店（○） 出張所
口座種別	1. 普通（○）　2. 当座 ← 該当種別に「○」印		口座番号	1 1 2 2 7 3 0	
口座名	オ　ー　ク　ネ　ッ　ト　バ　ラ　エ　ン ← 省略せず、ご記入下さい。			右づめでご記入下さい。	

【3. ご担当者】

太枠内をご記入願います。

①ご担当者	王　駒　網　人	携帯番号	090 ー＊＊＊＊ー＊＊＊＊	携帯メールアドレス	＊＊＊＊＊＊＊@＊＊．＊＊
②ご担当者		携帯番号	－　－	携帯メールアドレス	
②ご担当者		携帯番号	－　－	携帯メールアドレス	

◆切花　ご出荷の方

【4. ご利用運送業者】

切花ご出荷の方　全てご記入願います。

運送会社名	株式会社　○○○○運輸	運送番号	
運送会社 住　所	（〒 107 - 0061 ） 東京都千代田区三番町○○ - ○		
運送会社 電話番号	＊＊－＊＊＊＊－＊＊＊＊	運送会社　FAX 番号	＊＊－＊＊＊＊－＊＊＊＊
運送ルート	□ 浦安物流センター → 直　接 □ 東京花き共同荷受所 → 浦安物流センター □ 東海汽船永井荷受所 → 浦安物流センター	□ 安房貨物夏目荷受所 → 浦安物流センター □ そ　の　他	

↓↓↓　ご記入後、お手数ですが、弊社迄、返信願います。↓↓↓

《返信先》　〒 107-0061　東京都港区北青山 2-5-8　青山 OM スクエア
株式会社オークネット・アグリビジネス　AG 営業部　宛
TEL：03 ー 6440 ー 2400

図4—10 「出荷送り状」記入例

出荷年月日： 2024年10月12日　　　　荷主コード： 0000-001

出荷先： ㈱オークネット　アグリ事業部御中　　　　販売日： 2024年10月13日

森林太郎　××県■■市○○ 1-2-3
080-1234-5678
mail : shinrin-t@bbbb.co.jp

総本数	5	80本
梱包数	1	

品目	品名	等階級	単位	入数	単位	口数	総本数	写真	備考
エダモノ	ムラサキシキブ（実）	130	cm	20	本	1	20	①	
エダモノ	コナラ	130	cm	10	本	1	10	②	
エダモノ	ウリハダカエデ（実）	150	cm	10	本	1	10	③	
エダモノ	ウリカエデ	140	cm	10	本	1	10	④	
エダモノ	オオオナモミ（実）	100	cm	30	本	1	30	⑤	
計						5	80		

前々日（土・月・水）の夕方6時から公開されるので、それに間に合うように送るようにします。その後も画像は生産者から届き次第どんどん追加され、最終的には市日の前日（日・火・木）の午前中くらいまで受け付けてもらえます。ただし画像の送信が早ければそれだけ買い手が見つけやすいので、「相対取引」が成立する可能性が高まります。

画像に関しては、基本的に撮影は縦位置、画像サイズは3M以下。一つの商品について、花の接写画像と全体画像の2ショットまでというのがルールです。なお、画像を一度にたくさん送るとトラブルの原因になりますので、手間はかかりますが、商品ごとに分けて送ることをおすすめします。

共同荷受けで物流センターに配送

オークネットへの商品を発送する際の注意点は、千葉県浦安市の物流センターへの直行便が少ないことです。私が頼んでいる運送業者を含め、一部の地域では中継地点となる「東京花き共同荷受㈱」や「永井㈱」という会社を経由して、その会社のトラックに積み替えて浦安まで運ばれることになります。このため、この中継地点からオークネットまでの送料が発生し、売り上げから保管料などとして経費が引かれます。

このように流通経路が複雑になっているのは、以前は東京都内の花き市場の取り扱い規模はどこもそれほど大きくなく、多方面から出荷されてくる多様な花材を各々の運送業者が少量ずつ各市場に配送するよりは、共同の荷受所を設けてそこに荷物を集めて仕分けや分類を行なってから配送したほうが、手間や経費の削減になるとの理由からでした。

ただし現在は、小規模な花き卸売市場の大半が中央卸売市場に収容されて、取り扱い規模が大きくなっており、必ずしも共同荷受所を経由することが、手間や経費の削減になるとは限らないとの意見もあるようです。卸売市場の再編とともに、共同荷受機関の役割も変わりつつあるのかもしれません。

3 農産物直売所で売る

仕入れで分かれる四つのタイプの直売所

枝物をわざわざ遠くの花き市場に出すのではなく、地元の農産物直売所で販売できれば、梱包の手間や運送費がかからずに済みます。しかも中間業者を通さないので、手取りを増やすことができます。

ひと口に農産物直売所といってもいろいろなタイプがあり、小さな無人直売所では、花材を求めて来るお客さんはほぼいません。ましてや天然枝物ともなれば、見慣れた枝が並んでいるだけなので視界にすら入れてもらえない可能性が大きいです。天然枝物を農産物直売所で売るときには、自分で納品できる距離にあり、かつ花材の品揃えが豊富でそれを目的に訪れるお客さんが多いことが、第一の条件だといえます。

農産物直売所は生産者やJA、道の駅が運営する施設が主ですが、枝物生産者にとって重要なのは、経営者が誰であるかより、その直売所がどこから商品を仕入れているかです。ここでは大きく分けて四つのタイプの直売所を紹介します。

一つ目は、かつて主流であった「運営者グループの生産物に限定している直売所」です。このタイプは、新参者が入ることはなかなか難しく、お客さんもある程度固定的で需要量が限られています。

二つ目は、「地元の農産物だけを販売する直売所」です。ここは、地産地消や地元産であることの安心感にこだわっており、出荷者も地元の生産者に限定しているところが多いようです。もし、お近くの直売所がこのタイプでしたら、出荷できる可能性は十分あります。地元ファンが多いので、そこから生け花やフラワーアレンジメントの教室など、地元需要を掘り起こせるかもしれません。

三つ目は、「周辺地域の生産物も扱う直売所」です。地元の生産者と競合しない商品であれば、近隣の商品も扱う直売所で、最近はこのタイプの中型店舗が増えています。地元産品だけの直売所は通年で商品をそろえることが難しく、特に冬場は品薄になるのに対し、このタイプの直売所は、年間を通して商品が豊富にあるので、安定した集客力があるのが強みです。近隣と差別化が図れる枝物が出荷できれば、想像以上の採算が上げられる可能性も十分あります。

そして、四つ目が「流通業者からの仕入れ品も扱う直売所」です。JAや道の駅などが経営する大型店はこのタイプが多く、品ぞろえが豊富なことから地域のスーパー的な役割を担っています。消費者にとってはとても便利なので、四つのタイプのなかで最も客足は多いです。ただし生産者側からすると他産地から仕入れた花材と競合することになり、きびしい価格競争にさらされる覚悟が必要になります。また手数料がやや高めに設定されているケースもあるので、事前の確認が大事です。

直売所で売られていたヒサカキ。一年を通じて置いてある人気商品

出荷登録の仕方

農産物直売所に天然枝物を出荷する際には、まずは運営団体の会員になる必要があります。例えばＪＡが運営する直売所の場合は、ＪＡの組合員になることが必須となります。

「えっ、自分は農地を持っていないので、農家資格がない」と思われるかもしれませんが、大丈夫です。ＪＡは農家のみならず、誰もが参加できる地域密着型の組織なので、たとえ非農家であっても「准組合員」になることができます。お住まいの地域にあるＪＡの事業を1年以上継続して利用していれば、ほとんどの場合、加入審査を通るはずです。

「えっ利用？ していない……」。これも大丈夫。ＪＡバンクで口座を開設し、1年間貯金すればＯＫです。この口座は直売所の売り上げの受け取りにも使えるので、早めに開設しておくことをおすすめします。

この他に出資金が必要になりますが、准組合員は1口１０００円からと親切な設定になっていることが多く、組合退会時には返還してくれます。加入を申し込むには、印鑑と本人確認ができる書類、出資金を持って、お近くのＪＡの窓口まで足を運んでください。

次は、直売所の出荷登録。出荷する直売所ごとに登録が必要となるため希望する直売所に行って、住所・氏名・連絡先等を記載した登録申込書［図4―11］と登録費、年会費などを提出してください。

出荷に関するルールは直売所によって異なります。例えば、農産物直売所運営規定によって商品の梱包や搬入、陳列、売れ残り商品の引き取り、ラベルの表示方法などを示しているところもあります［図4―12］。この例では販売委託手数料が売り上げの15％となっていますが、20％程度にしている直売所もあります。

図4―11　道の駅農産物等直売所　出荷登録申込書（例）

道の駅「　　　　　」農産物等直売所

出荷登録（兼出荷者協議会加入）申込書

道の駅「　　　　」農産物等直売所出荷要綱及び　　農産物等出荷者協議会規約を遵守することを誓約し、次のとおり登録（出荷者協議会加入）申込みをします。

令和　　年　　月　　日

株式会社 道の駅　　　　　　様

名前（団体名）	フリガナ			
	印			
住所	〒			
連絡先	自宅電話番号			
	FAX			
	携帯電話番号			
	メールアドレス			
振込口座	金融機関		支店名	
	預金種目	普通　当座	口座番号	
	フリガナ			
	口座名義			
出荷予定品目	【農産物】 【農産物等加工品】 【その他】			

※加工品を出品する場合は、食品衛生法により許可や届出が必要な場合があります。

◎出荷方法についてご希望を伺います。

・自分で持込できる　　・集荷をして欲しい

図4―12　農産物直売所運営規定（例）

1　営業時間
平日：9：00～19：00
土・日・祝日：9：00～19：00

2　販売方法
・直売所での販売は委託販売とする。出荷者は営業日当日、開店時間までに生産者名・品名・金額等を記載したバーコードをつけ、指定の場所に納品する。

3　出荷者
・出荷者は会員とし、事前に「加入申込書兼販売委託契約書」を締結する。

4　出荷物
・会員が自ら栽培したもので入会前に届け出があった品目とし、直売所で販売するのに相応しい良好なものとし万が一、販売陳列品に不良なものがある場合は、当番・施設側が判断しいつでも排除できる（廃棄した商品については販売金額を“0”とする）。

5　陳列
・出荷者は陳列場所について責任者の指示に従い、勝手な既陳列品の移動は厳に慎む。

6　引取り
・出荷品の預かり期限（受託期限）は、品目別に運営管理者が設定する。出荷者は受託期限の閉店時、もしくは翌日の開店時に、販売されなかった野菜等すべてを引き取る。ただし、日持ちのする出荷物など劣化が少なく保存性の高いものについては、施設側の承認を得たのち陳列を継続する。
・品質の著しく低下した引取りのない商品は、出荷者の申し出なしに廃棄処分しても意義を唱えないこととする。

7　販売価格
・出荷者が責任をもって価格を設定する。ただし、他の組合員の設定価格と均衡を図るよう努めるものとする（表示価格は外税方式とする）。
・異常価格は管理者の権限で排除する。

8　返品処理方法
・購入者が持ち込んだ出荷者が明らかな返品は、その出荷者が返金処理を行なう。

9　販売委託手数料
・農産物……15％（冷蔵・冷凍品20％）　・加工品……15％（冷蔵・冷凍品20％）
・ラベル代……1枚1円

10　入会金・年会費
・入会金　個人1,000円、団体5,000円　入会金はいかなる場合にも返却しない。

11　精算方法
・販売代金は各月末締めとし、金融機関営業日、15日後の振込みとする（祝日、土日は除く）。

12　施設の維持管理
・日常的な施設の維持管理（清掃、商品の搬入・搬出・陳列等）は出荷者が行なう。

13　出荷物の管理
・出荷物の管理については、善良な管理者の注意義務を以て行なうものとするが、万引きや自然災害など組合の責に帰することのできない理由で発生した損害については、その賠償はできない。

14　事故・責任
・販売品で事故・苦情が生じたときは出荷者の責任とし、その処理に係る費用は出荷者が全額負担する。

15　その他
・上記方針、注意事項を守らない者は出荷を停止することがある。

図4―13　出荷等の取り決め・引き取りのルール（例）

○営業時間・定休日

営業時間は、9時から18時。定休日は毎月第3水曜日とさせていただきます。

○商品の搬入・陳列・補充

(1) 原則として搬入時間は開店時間の1時間前からとします。できる限り午前8時から午前9時の間に納品をお願いします。
(2) 施設管理者が指定した場所に出荷者が商品を陳列していただきます。
(3) 出荷時には出荷許可書の持参をお願いします。
(4) 商品には、バーコードラベル及び食品表示法に定める表示を貼付してください。
(5) 商品の搬入及び引き取りにつきましては、搬入口よりお願いします。

○商品の引き取り

(1) 保存可能な商品を除き、原則として、商品の出荷当日のみの販売とします。
売れ残った商品の引き取りについては、閉店後30分間または翌日納品時とします。
保管可能かの判断は施設管理者に一任することとします。
(2) 引き取り品はバックヤード内に移動するため、出荷者は各自確認し商品の引き取りをお願いします。

出荷時の取り決め

出荷や売れ残った商品の引き取りなど、ルールは直売所ごとに異なっています。多くの場合、入会時に［図4―13］のような指示があると思います。

商品の搬入は開店の1時間前から、バーコードラベルを貼って陳列します。野菜の場合は荷姿や規格が細かく決められていることがありますが、枝物の場合はお客さんの通行の邪魔にならないように、バケツに挿して並べるだけのはずです。よく店舗の入り口付近の生花売り場コーナーにサカキが置いてあったり、年末にはマツやナンテンが並んだりしていますよね。あの仲間入りをするわけです。

出荷は毎日しなければならないという決まりはないので、数日おきでも大丈夫です。鮮度が重要な野菜や果物、生花と違って、枝物は基本的に日持ちするので、売れ残りは次の出荷時に引き取るサイクルで十分だと思います。最近の直売所では売り上げ情報がEメール等で毎日送られてきますので、即日完売のようであれば、急いで商品の補充に行くことになります。

一方、直売所出荷のデメリットとしては、売れ残った商品を出荷者が回収に行くという手間がかかります。また、小さい直売所の場合は人手が足りないことから、当番制で品出しやレジ打ちが回ってくるなど、想定外の仕事が増えることもあります。とはいえ、農産物直売所が最も身近な販売方法であることにかわりはありません。様々なハードルを乗り越え、販売が軌道に乗るようであれば、他の販売方法に比べて経費が少なく、最も収益性を高くできる可能性があります。

自分なりの商品化術を磨く

クリスマスには、ヒイラギやヒバ、正月にはアカマツと、季節の定番ものは競合が多いこともあります。そこで、ハチクとウメの枝をつけて松竹梅の飾りにしたり、花ユズや赤い実をつけるナンテンを加えて彩りをよくしたりなど、出荷者のなかには創意工夫を凝らして差別化を図るアイデアマンがいます。

こうした自分なりの商品化術を磨きながら、他の出荷者と切磋琢磨するのが直売所出荷のおもしろさではないでしょうか。顔の見える出荷者どうしが競い合えば、相乗効果で商品のレベルアップが図れます。そうして季節ごとの個性的な枝物が多く並ぶようになり、「枝物の直売所」としての知名度と需要が高まれば地域活性化にもつながるはずです。

特に天然枝物を採取する里山林業は、力仕事が苦手な高齢者や女性でもナタ一本あれば簡単に始められます。野菜以外にも直売所に出荷するアイテム数を増やすことで、農閑期の手取りアップにつなげましょう。

正月前になると直売所にはナンテンやマツが並びだす。いずれも地元で採れた枝のようだ

4 ネット産直で売る

近年は、インターネットを使って枝物を消費者に直接販売するというネット産直も広がっています。卸売市場に出荷すると消費者に届くまでにいくつかの業者が入り、それぞれ中間マージンが発生しますが、ネット産直であれば直接取引できるのでその分が手取りになります。

また、農産物直売所のように売れ残りを引き取りに行くなどの手間もありません。そもそも注文が入ってから採取すればよいのですから、売れ残りがないともいえます。そして何よりも自宅にいながら商売ができて、発送も近くのコンビニからできるという、まさに今の時代にふさわしい販売方法です。

フリマに出品

インターネット上には企業が運営する通販サイトがたくさん並んでおり、個人間の取引を仲介するサイトもあります。最も手軽に始められるネット販売は「フリーマーケット」です。フリマといえばメルカリが有名ですが、他にも楽天のラクマ、ヤフーのYahoo!フリマなどいろいろあり、ヤフーにはオークション形式のヤフオクもあります。まずは、これらのサイトをのぞいてみましょう。

枝物で検索してみると、ドウダンツツジやモミジ類などの画像がズラリと並んでおり、どのサイトも奇をてらった商品というよりは定番のものが多いようです。例えばあるサイトでは、長さ60㎝のアセビ2本セットが１８００円で出品され、売約済みになっていました。私が市場に出すアセビは1本１００～２００円なので、１５００円くらい儲かっていることになります。

これだけ見ると断然フリマがいい！と考えたくなりますが、少々お持ちください。フリマでの取引は、送料を出品者側が負担するのが一般的です。葉がついた60㎝の生木2本を丁寧に送ろうとすれば、梱包材を入れた段ボール箱に入れて宅配便で発送することになります。となれば、資材代と送料だけで１５００円程度はかかるはず。商品の単価を上げれば収入は増えますが、出品者どうしの競争もあるのでなかなか難しいところです。

このことから、フリマはそれをメイン

の商売にするというよりは、余りそうな商品をおカネに換えるくらいに考えておいたほうが無難だという人もいます。

サイトによって集客力の高さや手数料、発送料等が異なるので、どこを選ぶか悩みどころです。いろいろなサイトを見ていると、おそらく同じ人が複数のサイトに同じような商品を出品していることがあります。最初はこのようにいろいろ試してみながら、自分に合ったフリマサイトを見つけるのが無難かもしれません。

大手通販サイトで開店する

フリマよりもっと本格的に販売するのであれば「ショッピングモール」に出店するという方法があります。楽天市場やヤフーショッピング、Amazonなどの大手通販サイトにはいくつもの花屋があり、枝物生産者でも自分の店を持つことは不可能ではありません。

ただし、開店するには「審査」という難関が立ちはだかります。この審査では実績が重視され、確定申告書や仕入伝票、開業届、在庫の写真等々の提出が求められるので、副業的な経営ではほぼ間違いなく落とされるようです。

それであれば、いっそのこと自分でネットショップを開業してしまうという方法もあります。インターネットで「ネットショップ開業」と検索すれば、サポートしてくれるサイトがたくさん見つかります。このサービスを使えば、販売手数料は引かれるものの、大手のショッピングモールに店を持つより経費は少なくて済むはずです。

ただし、大手には集客力という強みがあるのに対し、個人のネットショップにはそれがありません。ネットショップで商品を売るには、出品する枝物の特性を把握し、それぞれの魅力（推し）を上手にPRしていくことが大事です。そして何より、いかにしてお客さんにアクセスして見てもらうかの工夫が肝心です。

5 地元の生け花教室に売る

規格外の花材が商品に

伝統的な華道に関する文化庁の令和2年度報告書には、次のような課題が挙げられています。

「一部花材については、特に自然体が求められるものがあり、現在、一般的な消費者市場から求められている品質とは乖離した部分がある。こういった花材のニーズは十分に生産者に伝わっておらず、むしろ、生産現場では規格に適合しないものとして、廃棄されている可能性が高い。生花店のなかには、枯れのある葉や市場規格外の要望があった場合も、生産者との連携で入手を目指すべく取り組んでいる店もあるが、その体制を恒常的に維持することには課題がある」

「ニーズをくみ取り、生産したとしても、必要量が少量のためロットがまとまらないことや、規格品に比べ運送効率が悪いなど、効率性の悪さにより、華道の現場が必要としている花材を積極的に栽培している生産者は少ない状況にある」

確かに園芸農家は、ロットがまとまらない非効率な注文は敬遠しがちです。しかし、その「需要はあるのに一般には流通しない花材」を採取し、上手におカネに換えるのが里山林業です。

実際、花を生ける皆さんはどのような

バケツに挿して水揚げした状態での納品となるので、梱包の手間がかからない（S）

生け花教室に納品する枝物。ガマズミ、ムラサキシキブ、ウリカエデ、コゴメウツギなどバケツ６個分。7000～8000円での買い取りとなる（S）

枝物の葉が元気なうちに作品のイメージに合う花材を選ぶ（S）

花材を望んでいるのかを知るため、地元の生け花教室に交渉して、いろいろな枝物を直接納めさせてもらうという方法もあります。

これぞ顔の見える流通

私の場合、地元の生け花教室・広山《こうざん》流栃木支部とお付き合いが始まったのは２０２２年、きっかけは、偶然にも学生時代の知人がこの教室に通っていたことからでした。私の「里山林業」の実践を師範代に紹介してくれたことにより、教室の花材に使いたいとの注文が舞い込んだのです。以来、春と秋に数回、旬の枝物を納めさせていただいています。

生け花教室というと、一般に教本があったり師範の見本花があったりするそうですが、広山流の特徴は型にとらわれず自由に生けること。通常では流通することのない大きな二股の枝や枯れ葉がついた枝など、自然のなかに育つ個性的な枝物たちでも抵抗なく受け入れてくれます。

「従来仕入れている花屋さんの花材は、どうしても定番のものに限られてしまいがちで、似たような作品になることが多

師範の作品。ガマズミとコアジサイは山採り、自宅の庭で採取したリンドウとフジバカマと合わせた（S）

生徒の作品。山採りのノイバラの実、ガマズミの葉、
自宅の畑のキクイモの花をアクセントにした（S）

かったけど、山採りの野生的な花材が届くと毎回創作意欲が増すのでとても楽しみです」「曲がっていても、力強い枝は風情があっていい。このまま大胆に生けてみたい」との反響をいただいています。

いまでは教室以外にも、華展への出品用にと師範から直接注文が入ることもあります。顔の見える流通だからこそ商品に対する信頼も厚く、市場流通が難しい日持ちがしない枝物もその日に生けていただけるので、十分商品になります。

地産地消はメリット大

枝物生産者側から見たこの販売方法には、様々な利点があります。

第一に、自分で車を運転して直接納品することから、運送費がさほどかからないことです。第二に、通常は10～20本が基本となるロットにこだわらず、教室の人数分だけそろえばよいので、7～8本しか採取できなかったとしても買ってもらえます。第三に、規格に合わせて長さをそろえなくても、採取した枝がそのまま商品となること。葉の量も生ける人の好みで調整するので摘葉が必要ありません。第四に、生け花教室で様々な作品を見ることが、次回納める花材の参考になることです。

そして何より、自分の商品を手にしたお客さんの笑顔が見られることが、生産者にとっては一番の励みになります。

私が里山林業を実践している山で行なう「枝物狩りツアー」に参加した広山流栃木支部の皆さん（S）

コラム⑨

人気の枝物狩りツアー

広山流栃木支部の生け花教室の皆さん向けに、数年前から「枝物狩りツアー」というサービスを始めました。参加費は1時間で1人500円。実際に私が枝物を採取している里山を歩いて、春と秋の華展に使う花材を集めてもらう企画です。各人がインスピレーションを働かせ、思い描く作品を頭に浮かべながら必要な花材を探して回ります。ごく普通の里山林が、参加者にとっては、ここにもあそこにも魅力的な花材がたくさんある楽しい場所になるようで、山に入った途端、目の色が変わるのがわかります。これぞ生け花版の里山林業メガネです。

この企画は枝物の販売がメインというよりは、生産者側である私が「こんな枝でも商品になる」と再認識する場になっており、特に「侘び寂び」が感じられる風情ある枝物などは、たいへん勉強になります。またツアーでは枝物だけでなく、センブリやアキノキリンソウ、コウヤボウキなどの草本も人気です。これらはすぐに萎れてしまうため市場には出せませんが、地元の生け花教室に直接納品すれば、次の日までには利用するので商品にできることがわかりました。

教室の師範である藤﨑尚子《たかこ》さんは「野の花に着目した広山流3代目の家元は『花は足でかせぐ』、つまり自分で採取するのが基本と言っていました。自分たちで花材を集めるようになって、あらためて植物の本来の姿や山の四季の美しさに気づかされました」と言います。枝物狩りツアーがあるときの教室では、天然枝物が主役。あっと驚く作品が次々に出来上がります。生け花教室の皆さんに教わることは、たくさんあります。

山のなかは、作業道を歩いて
1時間ほどで回れる（S）

途中、私が参加者の気になる植物を解説。
希望があれば、その場で採取する（S）

第5章

枝物採取のための山づくり

天然枝物を採取したいのはやまやまだが、うちの山は平凡な木ばっかりで、売れそうな木はない。よく聞く話です。たしかに、数十年手入れをしてこなかった山は、商品になる植物は少ないことが多いようです。

そんな里山の荒療治は、木を伐って林内を明るくすること。太陽の光が林床に届けば、様々なお宝植物に生育のチャンスが生まれます。

1 里山林業の適地

里山林業を行なうのに望ましい森林の条件としては、手の届く範囲に多種多様な植物が生えていることがあります。

現在の里山林は、枝に手が届かない高木と貧弱もしくは単調な低木になっているケースが多く、必ずしも里山林業に適した条件ではありません。ただし、どのような里山林でも林縁部は横から入る光の影響で、背の低い木が繁茂しているはずです。まずはこういった場所に生える植物の採取から始めることをおすすめします。

そして面積を広げたくなったら、次のような森林を探して借りてみるのはいかがでしょうか。いずれも里山林業にとっては好条件の山です。

伐採後の新植造林地

林業ではスギやヒノキなどの人工林を伐採した後、再び苗木を植えるのが常です。そして、その後5年程度は下刈りの必要がありますが、刈り取らねばならない灌木や草本のなかにも枝物になる植物はたくさんあります。

特に、高齢里山林には伐採前から多くの広葉樹が入り込んでいることが多く、下刈りをしないと植えた苗木が見えなくなるほど灌木類が繁茂することがあります。これが売れる樹種だったなら、期せずして枝物採取林の造成に成功したことになります。一般的な植栽密度では、植栽した苗木と競合してしまいますが、苗木の間隔を広くすれば、植栽木と枝物樹種との共存も可能なはずです。

いまどきの林業では、低コスト化や労働力削減のために苗木の間隔を2m以上にしたり、下刈りを省いたりなど、新しい試みが始まっています。ぜひ枝物生産も視野に入れた植栽・保育体系の研究も進めていただきたいものです。

太陽光発電施設に隣接する森林

再生可能エネルギーの代表格として、事業用の太陽光発電施設が急増していますが、ソーラーパネルが陰って出力が落ちないよう、周囲の森林を伐採する事例が多々あります。

当然ながら、こうした伐採地では高木の成長は望まれていないことから、樹木をどう管理したものか頭を悩ませることが多いようです。こんな森林こそ、低木のまま管理する里山林業が大いに歓迎されるのではないでしょうか。

高圧送電線の下

高圧送電線の下は、安全管理のために高木は伐採されることが多く、用材を生産する森林と

＊高木（こうぼく）
成木の高さが5m以上の樹木。例として、アカマツやスギ、ブナ、ケヤキ、ヤマザクラなどがある。反対に、低木（灌木）は2m以下の樹木。

＊林縁部（りんえんぶ）
森林の周縁のこと。森林内部に比べて光がよくさし込む。

＊保育体系（ほいくたいけい）
植栽した苗木の生育を促すために行なう下刈り、除伐等の作業のこと。

して管理することができません。一般的な林業の考え方からすれば、そのような場所は経済林ではなくなるわけです。しかし見方を変えれば、大木が伐採されることで地表に光が届くようになり、低木や草本が復活するので里山林業にとっては適地となります。

なお、高圧送電線の下は、ありがたいことに電力会社で高木を伐採してくれるケースがほとんどです。場合によっては伐採した木を搬出してくれたり、重機を入れたりするのに作業道を敷設してくれることもあります。道があると、後々里山林業の作業にとても便利になります。

倒木対策によるヤブベルト

最近では大雨や台風などで重要インフラ沿いの樹木が倒れ、生活に大きな支障をきたす災害が多発しています。さらには、健全なナラ類を突然枯らしてしまう「ナラ枯れ」の被害が全国に拡大していることから、枯死木を含め倒木に対する安全対策が喫緊の課題になっています。

そうしたなか、２０１９年に森林環境譲与税が創設され、多くの市町村が幹線道路など重要インフラ沿いの危険木伐採に乗り出しました。その結果、林縁部に光が入って多様な植物が生えてきましたが、一方で手入れが疎かになれば、あっという間にヤブになってしまいます。

道路沿いの林縁部のヤブ、いわば「ヤブベルト」に生育する植物のなかには、リョウブやエゴノキ、ミズキなど花材になる植物もあります。ぜひ里山林業で枝物を生産する「枝ベルト」にし、土地と植物の有効活用を図るべきです。ササ類が広がって「篠《しの》ベルト」になる前に……。

新植造林地に生育し始めたナツハゼ

山のなかの太陽光発電施設。周囲の木を伐って日当たりをよくした

高圧送電線の下は管理のために電力会社が高木を伐採。若木を更新させるチャンス到来

このヤブベルトを里山林業で美しくしたい

＊経済林（けいざいりん） 主として木材生産機能の発揮を重視する森林。

＊ナラ枯れ（ならがれ） ミズナラやクヌギなど、ドングリのなる木が集団で枯れる伝染病。カシノナガキクイムシが病原菌を運ぶ。

＊森林環境譲与税（しんりんかんきょうじょよぜい） 2024年度から一人年額1000円徴収される森林環境税が財源。市町村の森林整備や人材の育成、木材利用の促進などに充てられる。

2 抜き伐りで高齢里山林を改良

いろいろな環境がつくれる「抜き伐り」

もっと積極的に里山林業を行なうには、いまの高齢里山林を伐採して若返りを図る必要があります。伐採の方法としては、皆伐といってそこに生える植物をすべて伐り払うのが一般的です。しかし、里山林業の場合はいろいろな環境があったほうが望ましいので、多少手間はかかりますが、林内に木漏れ日ができるように、一部の高木を残す抜き伐りが適しています。

ただし抜き伐り施業は重機を使うなど、危険を伴う大仕事になるので、最寄りの森林組合などの林業事業体、さらに最近注目される「自伐型林業」グループなどに相談してみることをおすすめします。

2009年、私は知り合いの林業事業体が管理する薪炭林（約60年生のコナラ・アカシデ林）の抜き伐り施業に携わりました。以下、その概要について説明していきます。

樹齢60年の里山林を若返らせる

施業面積は合計4・8ha、胸高直径4cm以上の立木が約1500本／ha、蓄積は約200㎥／haのごく一般的な里山林です。胸高直径12cm以上の中大径木はコナラ、アカシデが大半を占め、小径木はリョウブやアオハダ、エゴノキなどが多く、その下にはヌルデやヤマウルシなどの灌木類、また部分的にアズマネザサやヒノキの稚樹などが点々と見られる状況でした。

施業の目的は、用材として販売できる大径木を育成しながら、シイタケ原木も生産できる若い里山林にすることです。このため強度な抜き伐りを実施し、その後は、明るくなった林内にいろいろな樹種が発生してくれることを期待しました。そこで、高齢になったコナラをなるべく伐採し、用材候補となるヤマザクラやホオノキを残しました。低木は基本的に山菜になるコシアブラ以外は除去。努めて地表に光を当てることを優先しました。

施業の手順は次の通りです。まず、残す3割程度の高木を選んでテープを巻いた後、3人のチェンソーマンとグラップル付きバックホー1台およびそのオペレーター1人のチームで抜き伐りを行ないました。伐倒後、広葉樹は2m、針葉樹は3mに玉切りして、グラップル付き

＊**抜き伐り（ぬきぎり）**
主に用材としてもっと太くしたほうが高く売れる木は残し、それ以外を伐採（収穫）する施業。

＊**自伐型林業（じばつがたりんぎょう）**
「自伐」とは施業を委託せず、山主が自ら伐採・搬出することだが、最近は持ち山がなくても、山主に代わって森林経営を行なう「自伐型」に関心を持つU・Iターンの若者が増えている。

＊**胸高直径（きょうこうちょっけい）**
樹木の成長量を測るための一つの指標。およそ胸の高さでの直径のことで、地表から1・2〜1・3mの位置を指す。

＊**地拵え（じごしらえ）**
伐採後に林地に残された幹の先端部や枝、刈り払われた低木や草などを植栽しやすいように整理すること。

表 5—1　高齢里山林の改良における事業支出　（円 /ha）

作業	作業員（人）	重機（台）	人件費	重機費	計
伐採	23.3	3.3	372,800	99,000	471,800
搬出	8.1	8.1	129,600	243,000	372,600
地拵え	11.9	3.8	190,400	114,000	304,400
計	43.3	15.2	692,800	456,000	1,148,800

表 5—2　収入および収支の試算　（円 /ha）

	種別	数量	単価	計	備考
販売	コナラ等	113m^3	5,650	638,450	菌床用チップ材
	アカマツ	4m^3	3,000	12,000	製紙用チップ材
	スギ・ヒノキ	5m^3	7,400	37,000	杭木等用材
計				687,450	
補助金	更新伐	1ha	493,000	493,000	伐採率 30%以上
	地拵え	1ha	179,000	179,000	草丈 0.5m 以下
計				672,000	

	販売収入	補助金収入	支出	収支
収支	687,450	672,000	1,148,800	210,650

フォワーダを用いて11月下旬から年明けの１月中旬にかけて林内土場に集材しました。土場での選別は「キノコ菌床用チップ材のコナラ・アカシデ等」「製紙用チップ材のアカマツ」「用材・杭木用のスギ・ヒノキ」の３種類でした。

改良にはどれくらい経費がかかるか

　１ha当たりの施業経費は［表5—1］の通り。伐倒および玉切りなどの「伐採」経費が約47万円、林内の土場まで運んで積み上げる「搬出」経費が約37万円、更新補助のための「地拵《じごしら》え」が約30万円で、すべて合わせると約１１５万円かかりました。

　一方で、１ha当たり概ね１２０㎥の原木を販売することができ、事業収入は約70万円となりました。内訳は、キノコ菌床用チップ材のコナラ・アカシデ等、製紙用チップ材のアカマツ、用材・杭木用のスギ・ヒノキがありました。さらに造林補助事業のメニューに該当することから、67万円／haの補助金収入も加わり、最終的な収支は約20万円の黒字でした［表5—2］。

　この事例は10年以上前のことなので、これくらいに経費を抑えることができましたが、現在は人件費や燃料費の高騰で、この数割増しになると思います。ただし、近年は外材の入荷不足などウッドショックの影響で、国産広葉樹の価格が上昇。これまで菌床用チップ材としていたコナラの一部は、１㎥２万円程度の用材として販売が見込めます。菌床用チップ材の単価も１万円／㎥まで急騰しており、事業収入もかなり増えるはずです。

　なお、里山林の改良に使える国の補助事業については、自治体によってメニューや採択要件、標準単価等が異なりますので、関係部局にお問い合わせください。

伐採前の里山林。コナラなどの高木がうっそうと生えており、林内が暗い

７割程度の抜き伐りをした直後の状況。明るく見通しがよくなった

多種多様な楽しい「雑木林」が誕生

抜き伐りした里山林は高齢木が多かったためか、約3割程度しか萌芽しませんでした。ところがうれしい誤算で、地面に落ちたドングリからの発芽がすこぶる順調でした。伐採後3年目にはこの若木に目印（リボン）をつけ、それを被圧する植物の刈り払いを数年間行ないました。おかげでいまでは、シイタケ原木が収穫できそうなコナラ林が完成。クリやホオノキなどの高木、ガマズミ類やムラサキシキブなどの中低木も随所で更新しており、多種多様な樹種が混生する楽しい「雑木林」になりました。

これ以外の樹種としては、伐採後2年目から広い範囲でリョウブやエゴノキが更新を始め、その後ウリカエデやオトコヨウゾメ、コアジサイなども目立つようになりました。これらは伐採前にはほとんど見られなかった樹種で、明るさによって植生が大きく変わることを再認識させられました。また、これらの生育を阻害するアズマネザサの拡大が旺盛なので、下草刈りはもっぱらササ刈りになります。

シイタケ原木林から枝物生産林へ

現在、私が借りている里山林は、当初はシイタケ原木林にする予定でしたが、コナラが期待通りには伸長してくれませんでした。ただリョウブやエゴノキなどがのびのびと生育してくれたおかげで、結果的にこれら低木の枝を販売する里山林業と出会うことができたのです。

これらの樹種に限らず、例えば日がよく当たるエリアには、林業では嫌われ者のイチゴ類が繁茂しており、これらは6月には木イチゴとして出荷できます。これまで刈り払うのに苦労していた植物が、天然枝物として収穫対象になっているのですから、たいへんありがたいことです。

残念ながら人気の枝物であるドウダンツツジやナツハゼは生えていませんが、もともとこの地域ではめったに見られない樹種なので、当然といえば当然です。それでも商品にしたい場合は、苗木を買って植栽し、施肥や防除などの管理をしなければなりません。それでも苗木がすくすく育つという保証はないのです。

やはり里山林業の原点は、切られてもまた生えてくる丈夫な植物のなかから、商品を探すこと、なるべく手間とコストをかけないことだと思います。

抜き伐りから２年後。下層にはタケニグサやクマイチゴが繁茂し、コシアブラやタラノキなどの低木が見られる

3 樹木管理の基本技術

芯止め

　里山を歩いていて、あの枝が欲しいと思っても高くて手が届かないことがよくあります。ハシゴや高枝切りバサミの出番ですが、手間がかかるうえ危険も伴います。そうならないように枝物農家は、苗を植えた後に「芯止め」という作業を行ない、収穫しやすいように幹全体を小さく仕立てるようにしています［図5―1］。

　例えば、サカキやヒサカキなどは、3～4年して幹の直径が5㎝ほどになったときに高さ50～60㎝のところで切断して芯止めし、3～4本の新芽を立ち上がらせます。芯止めから約5年後、この3～4本は立派な副幹に成長するので、うち1本を切断して新芽を1～2本出させます。すなわち、最初に主幹にした作業を副幹で行なうわけです。これを3～4年ごとに繰り返せば、主幹や副幹から伸びる枝が毎年収穫できるようなります。

　芯止めは、庭木の形を整えるための「せん定」と共通する点が多々あります。ただし、せん定は不要な枝を切るのに対し、枝物生産は切り取った枝が商品となります。そんな里山林業な

図5―1　芯止めのポイント

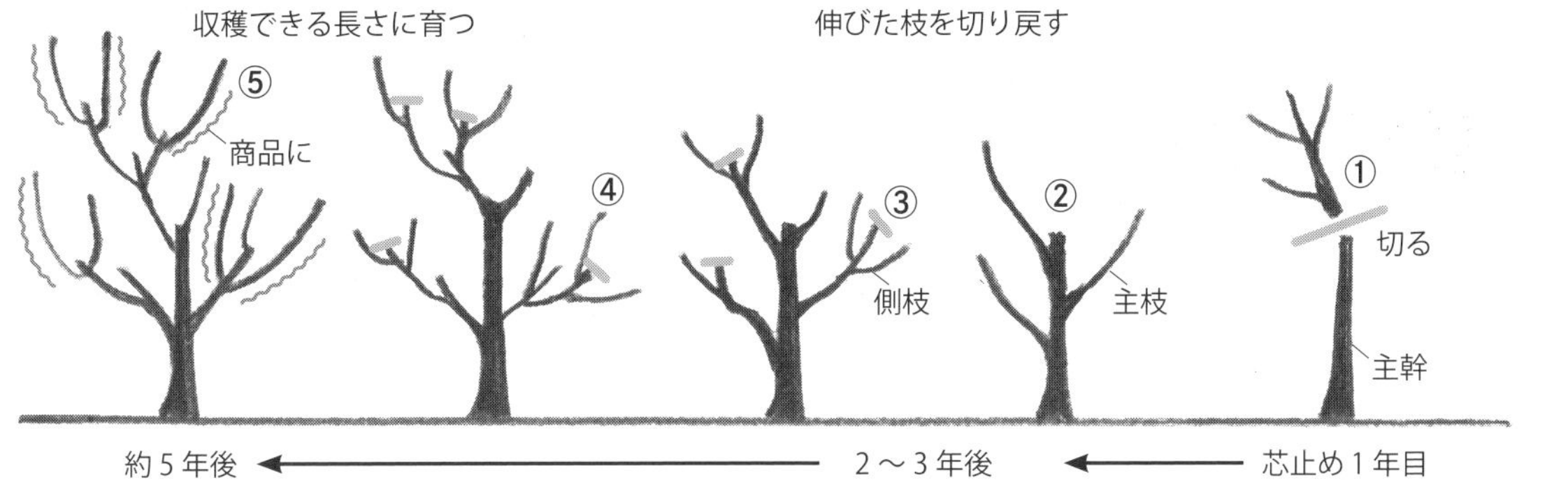

⑤芯止めから5年ほど経ち、主枝から伸びてきた側枝が商品にできるようになったら芯止め完了。以降は、各主枝から側枝が伸びるので50～100cmになったら適宜収穫し、木があまり高くならないように管理する。

③④3～4年目に木の高さがあまり高くならないように、伸ばした主枝を切り戻す。

②2年もすれば枝が何本も伸びてくるので、元気そうな枝3本程度を主枝として伸ばし、他の枝は整理する。

①高さ1m程度で主幹をバッサリ切る（断幹（だんかん））。切り取った先は商品にする。

＊芯止め（しんどめ）
樹木の最も高い位置にある枝の先端を切り、上に伸びる成長を止めること。樹形が横に広がるので、管理しやすい高さを維持できる。

らではの基本技術をいくつか紹介しましょう。

台付け・台仕立て

ハナモモやトウカイザクラなど、枝物の園芸栽培では、芯止めをさらに低めにした「台付け」を行なうのが一般的です。

この施業は枝の発生位置を操作するために行なうもので、台付けを行なって管理する栽培方法は「台（場）仕立て」と呼ばれます。

台付けを行なう時期は、幹が若いうち。定植してから3～4年後に行なうことが多く、一定の位置で幹や主枝を切りそろえ、その位置から伸長してきた枝の採取を続けることから、枝の発生場所が太い幹となって「台」のようになります。台の高さは、樹種や地域によって異なり、普通は1ｍ前後ですが、モクレンは1～1.5ｍ、ハクモクレンは2～3ｍが多いなど、やや高い樹種もあれば、サンシュユは0.5ｍ、トキワガマズミは0.3～0.5ｍなどと低い樹種もあります。さらにヤナギ類やサンゴミズキは0.15ｍとほぼ地際にするそうです。また、樹種によっては高台と低台を使い分けることもあるようです。

多くの場合、台付けを行なったときに切った枝がこの木にとって最初の収穫。その後は台から伸びる新芽を収穫することになります。

この台が並ぶ背の低い林は、枝物生産特有の景観になり、台からの1年目の枝はまだひ弱さが残るので、通常はしっかりと成長した2年目の枝を商品にします。つまり収穫は隔年になるので、1年おきに花見をすることができます。

私の里山林業でもこの仕立て方を取り入れようと、目下いろいろな木に台付けを試みています。しかし、どんな樹種でもこの台がつくれるわけではなく、多くの針葉樹は断幹すると木が枯れてしまいますし、アカシデも難しいようです。これに対し、アオハダやホオノキはいまのところうまくいっています。それぞれ樹種によってどんな仕立て方がよいのか、今後も勉強を続けたいと思います。

整枝

静岡県松崎町は、桜モチに使う桜葉の日本一の産地。町には約200戸の生産農家がおり、オオシマザクラ【大島桜】（バラ科サクラ属）の畑が広がっています。町のサイトには「毎年1月下旬から2月上旬にかけ、昨年伸びた枝を根元より20㎝ほど残し、すべてせん定します。そこから伸びた枝の葉を5月上旬～8月下旬まで、手で1枚1枚丁寧に摘み取ります」とあります。高さ20㎝の台仕立てで管理しているということですね。

園芸農家の台付けされたハナモモ。高さ 1m ほどの台の上に伸長する若枝を隔年で採取・出荷する

これと同様に、和紙の原料となるコウゾの栽培も、冬にはその年に伸びた部分はすべて刈り取り、翌年はまた新たな芽を育てます。

　さて、ここで注目したいのは、これらの栽培方法は伸びた枝をすべてせん定しても、次の年また収穫できるということです。驚くべき再生力。まさにサステナブルですね。もちろんこのような荒業はどんな樹種にでもできることではないはずです。始まったばかりで、まだ手探り状態の里山林業では、とりあえず採取するのは販売する枝だけにし、商品にならなさそうな枝は光合成用に残したほうが安全だと思います。

　なお、枝を収穫する際に造林木に行なう枝打ちや庭木のせん定では、幹に沿って枝を切るのが一般的です。しかし枝物生産では、幹の根元からではなく、幹に一番近い枝を次の商品用として残し、その先から切るようにします［図5－2］。この切り方だと見た目はよくありませんが、残した枝が伸長するので、幹から新たな芽を出させるよりはるかに早く収穫できます。

図5―2　整枝のイメージ

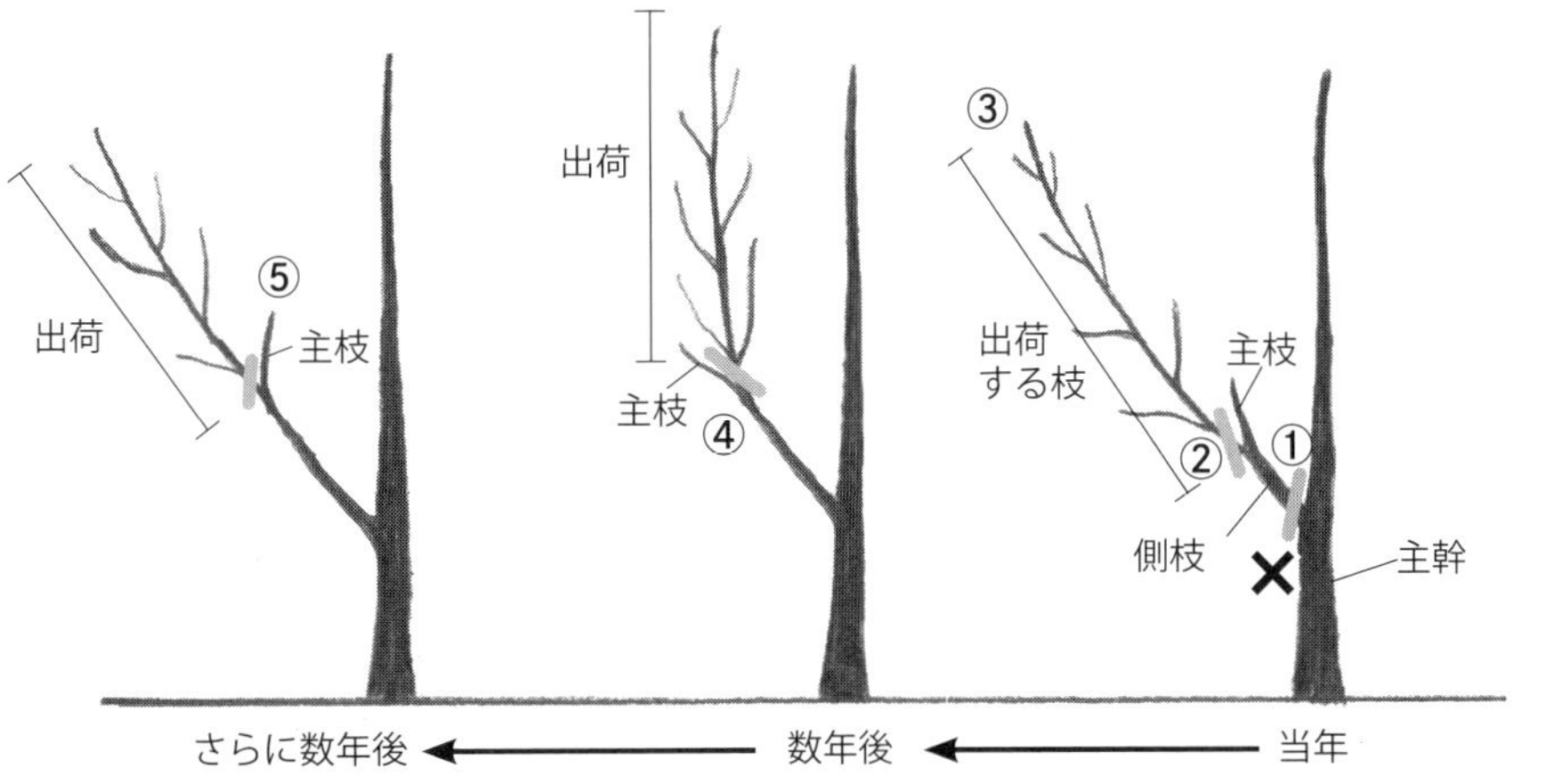

①主幹に沿って側枝を切るのは、新しい枝が出るまでに時間がかかるのでNG（✕印）。
②次の主枝候補の一番下の枝を残して、その枝の付け根のすぐ上を斜めに切る。
③一番下の枝を残しても、その先が1m以上確保できる長さになったら切り時。
④数年して、残した枝が主枝になり1m以上になったら、また②を行なう。
⑤以降同様。場所を取らないように、枝がなるべく上を向くように仕立てるのが理想。

4 里山林業グループに使える交付金

グループで里山林業

　里山林業に興味はあるが、山林を持っていないという皆さんは、山林所有者から林分を借りるという手があります。広葉樹が多い林分は間伐による収益が望めず、主伐までは放置される

＊**林分（りんぶん）**　樹木の種類や樹齢、生育状態などがほぼ一様な、ひとまとまりの森林。

＊**主伐（しゅばつ）**　一定の林齢に生育した立木を販売するために伐採すること。

のが一般的です。そこで過度な伐採などは行なわず、可能な範囲で環境美化に努めることを条件に交渉してみましょう。無償で貸してもらえる可能性は大きいと思われます。

さらに1人で取り組むのではなく、植物に詳しい人や森林整備の経験が豊富な自伐型林業グループなど、複数人で里山林業を始めればより楽しく、安全に作業することができます。地域の有志と里山林業のグループをつくれば、林野庁の「森林・山村多面的機能発揮対策交付金」という支援制度を活用することも可能です。

労賃や燃料代、傷害保険も支援

2013年度に始まった森林・山村多面的機能発揮対策交付金は、3人以上のグループが対象。まずは地域で活動組織（任意団体や自治会、NPO等）を設立して［**表5―3**］から活動メニューを選んで3カ年の活動計画を立て、都道府県ごとに設置される地域協議会［**表5―4**］に申請します。

この事業の対象は森林経営計画が策定されていない0・1ha以上の森林で、交付額は年度ごとに500万円が上限となります。活動メニューによって交付単価が異なりますが、森林の下草刈りや林道の補修、間伐、放置竹林整備などの日当をはじめ、機材のリース代や燃料代、傷害

表5—3　森林・山村多面的機能発揮対策交付金のメニュー　（2024年度）

活動への支援	**活動推進費**		**11万2500円（初年度のみ）**
	現地の林況調査、活動計画の実施のための話し合い、研修など		
	メインメニュー	**地域環境保全タイプ**	
		①里山林保全活動	**初年度12万円、2年目11万5000円、3年目11万円/ha**
		雑草木の刈払い、落ち葉かき、歩道や作業道の作設・改修、地拵え、植栽、播種、施肥、不要萌芽の除去、風倒木・枯損木の除去、土留め・鳥獣害防止柵などの設置、これらの活動に必要な森林調査、機械の取り扱いや施業技術に関する講習、安全講習など	
		②侵入竹除去、竹林整備活動	**初年度28万5000円、2年目26万5000円、3年目24万5000円/ha**
		竹・雑草木の伐採・搬出・処理・利用、これらの活動に必要な森林調査、機械の取り扱い講習、安全講習、施業技術に関する講習、活動結果のモニタリングなど	
		森林資源利用タイプ	**初年度12万円、2年目11万5000円、3年目11万円/ha**
		雑草木の刈り払い、落ち葉かき、歩道や作業道の作設・改修、木質バイオマス・炭焼き・シイタケ原木のための未利用資源の伐採・搬出・加工、特用林産物の植え付け・播種・施肥・採集、これらの活動に必要な森林調査、機械の取り扱いや施業技術に関する講習、安全講習など	
	サイドメニュー ※メインメニューと組み合わせて実施。サイドメニューのみの交付申請はできない	**森林機能強化タイプ**	**800円/m**
		歩道や作業道等の作設・改修、鳥獣害防止柵の設置・補修、これらの実施前後に必要となる森林調査・見回り	
		関係人口創出・維持タイプ	**5万円/年**
		地域外関係者との活動内容の調整、地域外関係者受け入れのための環境整備、これらの活動に必要となる森林調査・見回りなど	
資機材への支援	活動に必要な機材及び資材の購入・設置に対して、必要額の1/2以内（一部の資機材については1/3以内）を支援 ・**1/2以内を支援する資機材**/刈払機、チェンソー、丸鋸、ウインチ、軽架線、チッパー、わな、苗木、電気柵・土留め、柵など構築物の資材、移動式の簡易なトイレなど ・**1/3以内を支援する資機材**/林内作業車、薪割り機、薪ストーブ、炭焼き小屋		

＊国からの交付額は年度ごとに500万円が上限（同じ場所では最大3年間支援）

表5—4　各地域協議会の連絡先　　（2024年4月1日時点）

都道府県	地域協議会名	事務局名	電話番号
北海道	北海道森林・山村多面的機能発揮対策地域協議会	（公社）北海道森と緑の会	011-261-9022
青森県	青森県里山再生協議会	青森県林業改良普及協会	017-722-5482
岩手県	いわて里山再生地域協議会	（公社）岩手県緑化推進委員会	019-601-6080
宮城県	宮城県森林・山村多面的機能発揮対策地域協議会	（公社）宮城県緑化推進委員会	022-301-7501
秋田県	秋田の森林活用地域協議会	（一社）秋田県森と水の協会	018-882-5570
山形県	（公財）やまがた森林と緑の推進機構	（公財）やまがた森林と緑の推進機構	023-688-6633
福島県	ふくしま森林・山村多面的機能発揮対策協議会	（公財）ふくしまフォレスト・エコ・ライフ財団	0243-48-2895
茨城県	茨城県森林保全協議会	（公社）茨城県森林・林業協会	029-303-2828
栃木県	（公社）とちぎ環境・みどり推進機構	（公社）とちぎ環境・みどり推進機構	028-624-3710
群馬県	森林・山村多面的機能発揮対策群馬県地域協議会	（一財）群馬県森林・緑整備基金	027-386-5901
千葉県	千葉県里山林保全整備推進地域協議会	NPO法人 ちば里山センター	0438-62-8895
埼玉県	（一財）都市農山漁村交流活性化機構	（一財）都市農山漁村交流活性化機構	03-4335-1985
東京都			
神奈川県			
新潟県	越後ふるさと里山林協議会	新潟県森林組合連合会	025-261-7111
富山県	富山県森林・山村多面的機能協議会	富山県森林組合連合会	076-434-3351
石川県	いしかわ森林・山村多面的機能発揮対策協議会	石川県森林組合連合会	076-237-0121
福井県	福井県森林・山村多面的機能発揮対策地域協議会	福井県山林協会	0776-23-3753
山梨県	（一社）山梨県森林協会	（一社）山梨県森林協会	055-287-7775
長野県	長野地域協議会	（一社）長野県林業普及協会	026-226-5620
岐阜県	岐阜県森林・山村多面的機能発揮対策地域協議会	（公社）岐阜県山林協会	058-273-7666
静岡県	（公財）静岡県グリーンバンク	（公財）静岡県グリーンバンク	054-273-6987
愛知県	森林・山村多面的機能発揮対策愛知県協議会	（公社）愛知県緑化推進委員会	052-963-8045
三重県	三重森林づくりと学びの里地域協議会	（公社）三重県緑化推進協会	059-224-9100
滋賀県	滋賀県地域協議会	滋賀県林業協会	077-599-4572
京都府	（公社）京都モデルフォレスト協会	（公社）京都モデルフォレスト協会	075-823-0205
大阪府	大阪さともり地域協議会	（公財）大阪みどりのトラスト協会	06-6115-6512
兵庫県	ひょうご森林林業協同組合連合会	ひょうご森林林業協同組合連合会	078-599-7461
奈良県	奈良県林業改良普及協会	奈良県林業改良普及協会	080-1477-6886
和歌山県	木の国協議会	NPO法人 わかやま環境ネットワーク	073-499-4762
鳥取県	（公社）鳥取県緑化推進委員会	（公社）鳥取県緑化推進委員会	0857-26-7416
島根県	島根森林活用地域協議会	（一社）島根県森林協会	0852-22-6003
岡山県	岡山県森林・山村多面的機能発揮対策協議会	（一社）岡山県森林協会	086-226-7454
広島県	広島県森林・山村多面的機能発揮対策地域協議会	（一社）広島県森林協会	082-221-7191
山口県	（公財）やまぐち農林振興公社 森林部	（公財）やまぐち農林振興公社 森林部	083-924-5716
徳島県	徳島森林山村づくり協議会	（公社）徳島森林づくり推進機構	088-679-4103
香川県	かがわ森林・山村多面的機能発揮対策協議会	香川県森林組合連合会	087-861-4352
愛媛県	（公財）愛媛の森林基金	（公財）愛媛の森林基金	089-912-2601
高知県	（公社）高知県森と緑の会	（公社）高知県森と緑の会	088-855-3905
福岡県	福岡県森林組合連合会	福岡県森林組合連合会	092-712-2171
佐賀県	佐賀森林山村対策地域協議会	佐賀県治山林道協会	0952-23-3915
長崎県	長崎森林・山村対策協議会	NPO法人 地域循環研究所	095-895-8653
熊本県	熊本県森林・山村多面的機能発揮対策地域協議会	熊本県森林組合連合会	096-285-8688
大分県	（公財）森林ネットおおいた	（公財）森林ネットおおいた	097-546-3009
宮崎県	宮崎県森林・山村多面的機能発揮対策地域協議会	（公社）宮崎県森林林業協会	0985-27-7682
鹿児島県	（公財）かごしまみどりの基金	（公財）かごしまみどりの基金	099-225-1426
沖縄県	おきなわ森林・山村地域協議会	（一社）沖縄県森林協会	098-987-1804

出典：林野庁「森林・山村多面的機能発揮対策交付金」のサイトより（一部修正）

森林整備にあたる自伐型林業グループ。伐採したヒノキを玉切りする

保険など、かなり幅広く使えます。チェンソーの安全講習や作業道づくりの研修会にも使えるので、森林整備の人材育成にもピッタリです。

また活動に必要なナタやノコギリ、ヘルメットなど、資機材の購入に対しても必要額の2分の1、もしくは3分の1の支援を受けられます。

今後、こうした交付金を活用した里山林業の実践例が出てくれば、それを参考にして、全国各地で山に入る人たちがどんどん増えるものと思われます。

目指すは「養生型」の里山林業

育てる手間をかけずに、山に生えている植物を採ってきて売る「山採り型」が里山林業の基本スタイルですが、手入れもせずに売れる植物が持続的に手に入る山は、そうそうありません。そこで私がおすすめしたいのが「養生型」です。すなわち、里山に生えるお宝植物を保護し、被圧する植物の除去など、人がある程度手を加えることで自然に近いかたちで植物を育てる里山林業です。

例えば、ササ類が林内にはびこるのを防ぐのはもとより、商品価値の低そうな樹種は除伐して、売れそうな植物に光を与えることも重要です。樹木につるが巻きついていたら、即座につるを切って木を守るのか、つるをそのまま伸ばしておいて、後で立木ごとつるを収穫するかを判断します。また、樹高が高くて枝が採取できない樹木を、腰の高さ程度で一度伐採して、その後の採取の手間を軽減するなどの施業もあります。

落ち葉かきは、地表に落ちたタネからの発芽を促進させます。お目当ての樹種の稚樹を見つけたら、リボンでマーキングするなどして大切に見守るようにし、周りの植物が被圧してきたらそれらを除去するガードマンになります。

ツツジ類やアジサイ類などは、挿し木がうまくいくかもしれません。ダメもとで枝先を林内に挿しておきましょう。うまくついたときは、けっこううれしいものですよ。

また、雌雄異株のアオハダやウメモドキなどは、実がつく株か否か、つまり雌か雄かを記録しておくことが大事。雌ならば秋に実物として、雄の場合は春に新緑で出荷するなどの計画を立てるのも楽しみの一つです。

＊森林経営計画（しんりんけいえいけいかく）
「森林所有者」または「森林の経営の委託を受けた者」が、森林の施業および保護について作成する5年を1期とする計画。30ha以上のまとまりが対象となる。

＊挿し木（さしき）
枝を用土に挿して発根させ、新しい株を得る方法。

＊雌雄異株（しゆういしゅ）
単性花をつける植物のうち、雄花と雌花とが別の株に咲く植物。

コラム⑩

その手があった ササ類活用法

皆伐や抜き伐りなどで林分が明るくなると、いろいろな植物が発生・侵入を始めます。ほとんどの植物が、枝物としてそれなりの価値があることを考えると、何を除伐したらよいのか悩んでしまいます。いまのところ問答無用で除去すべきだと考えられるのは、ササ類やヤマウルシ、ヌルデ、そしてイヌザンショウあたりでしょうか。

なかでも、一番厄介なのは（アズマ）ネザサやオダケ、メダケなど、いわゆるシノダケです。これが広がりだすと、周囲の植生が一変。単純な篠ヤブになってしまうので、枝物生産どころではなくなります。とにかくシノダケを見つけたら刈り払う必要がありますが、作業するなら冬より夏、それもお盆に刈り払えば、成長に養分を使い果たしたシノダケに最も強くダメージを与えることができます。でも、早朝の涼しいうちに作業しないと、暑さでこちらもダウンしてしまうのでご注意を。

そんな刈り採ったシノダケの活用法を探してみたところ、大量に消費できる活用法がありました。それは、土地改良事業です。

通常、圃場整備の工事では水はけをよくするため、地中に排水管を埋設します。その際、管のなかに土砂が流入しないようフィルターの役目をする疎水材で管を包みます。この疎水材には透水性や耐久性があることや、安価で運搬や入手が容易であることが求められ、モミガラや砕石を使うのが一般的なのですが、シノダケが用いられることもあります。その際には、長さ3〜4 m、直径20cmの束が1㎥で1万円以上の単価で取引されているようなので、1本20円程度の計算になります。

他にも筆の軸や竹矢の材料としての需要もあるなど、厄介者のシノダケにだって活用の道があるのです。刈り払う前に活用法がないかどうか、ちょっとだけ考えてあげましょう。

3 〜 4m の長さに切りそろえたシノダケ

竹粗朶暗渠

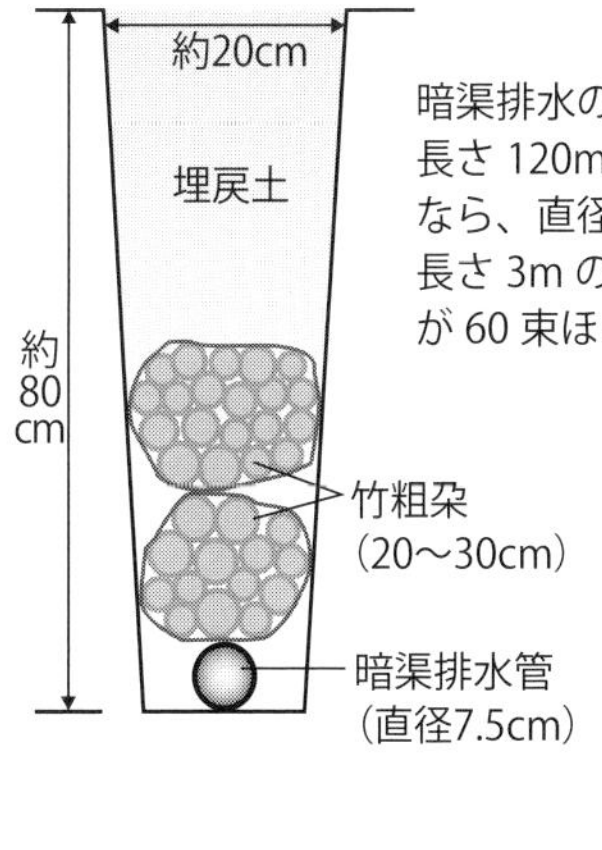

暗渠排水の断面。長さ 120m の暗渠なら、直径 25cm、長さ 3m の竹粗朶が 60 束ほど必要

あとがきにかえて

私は週末にラジオを聴きながら、緑のなかを散策するのが大好きです。ある日、あと数年後に迫る定年退職のことを考えながら、いつものように里山林を歩いていました。これまで公務員一筋で真面目に？　働いてきた人生。再就職するにしても手に技術があるわけでもなし、新事業を始めるおカネもありません。年金で細々と暮らすしかないのか、あまり明るい日々は期待できないな、などと少しネガティブになっていたとき、ラジオから「面白きこともなき世を面白く」という言葉が聞こえてきました。かの高杉晋作の言葉で、「おもしろいことがなければ、自分からおもしろくしよう」「何でもないことでも、おもしろいと思えるかどうかは自分次第」という意味です。なるほど、老後を明るくするために、いまのうちから楽しいと思えることを探しておこう。それで小遣いが稼げたら、孫に何か買ってやれるぞ。そんな「面白きこと」ないかな。

そのとき、徳島県上勝《かみかつ》町に「葉っぱビジネス」の視察に行ったことを思い出したのです。普通の木の葉が料理に添える「つまもの」として、１枚１００円ほどで売れていたぞ。あれなら力仕事ではないし、大した初期投資も必要ないだろう。あのビジネスの真似ができないものだろうか。そんな目で周りを見渡すと木がたくさん生えていて、これでもかというほど伸びています。この枝が売れたらいいなー。その気になって調べてみると、農業の花き生産には「枝物」という分野があり、幸いなことに栃木県内にも「笹沼園芸」さんという専業農家がいることがわかりました。さっそく、知り合いを通じて笹沼さんに連絡を取り、枝物生産の技術を学ばせてほしいとお願いしたところ、快く承諾してくださいました。おもしろいことになりそうだ。モヤがかっていた老後に光が差し始めたのです。

こうしてひとりの新米里山林業家が誕生し、５年が経ちました。本書が執筆できたのも、笹沼正さん、巧さん親子、そして笹沼園芸の皆さまの協力のお陰です。本当にありがとうございました。また、花き市場の皆さまには、毎週毎週変な植物が送りつけられ、さぞご迷惑をおかけしていることと思います。これからもどんどん出荷しますので、よろしくお願いいたします。さらに、農山漁村文化協会の編集部をはじめ、出版に関わった皆さまに、この場を借りてお礼申し上げます。そして最後に、高杉晋作殿、素敵な言葉を残してくださり誠にありがとうございました。

参考文献

1）池田洋一編（1981）『岡田広山のいける 野の花 山の花 542 種』中央公論社
2）岡本省吾、北村四郎（1959）『原色日本樹木図鑑』保育社
3）工藤和彦（1986）『いけばな花材ハンドブック』八坂書房
4）工藤昌伸監修（1986）『岡田広山のいける 野の花 山の花 茶花　花は野にあるように』中央公論社
5）小杉清編（1969）『枝物・庭木』（実際花卉園芸 3）地球出版
6）鈴木洋華（2023）「里山を生ける」『広山会会報』45
7）中央西林業事務所・森林技術センター（2012）「シキミの栽培技術指針―仁淀川流域」高知県
8）辻圭索（2015）「切り枝（枝もの）の生産　ヒサカキ（ビシャコ）のつくり方」『和歌山県 JA 花き情報』334
9）辻圭索（2019）「花き栽培技術　スモークツリー（煙の木）」『和歌山県 JA 花き情報』349
10）津布久隆（2008）『補助事業を活用した里山の広葉樹林管理マニュアル』全国林業改良普及協会
11）津布久隆（2017）『木材とお宝植物で収入を上げる 高齢里山林の林業経営術』全国林業改良普及協会
12）津布久隆（2019）「うちの裏山は宝の山 !? 売れる広葉樹を探しに行く」『季刊地域』No.39 農文協
13）津布久隆（2020）「里山林の管理と経営」『山林』No.1631　大日本山林会
14）寺嶋正尚（2020）「花卉卸売業の提供機能に関する基本的考察」『商経論叢』57（3）神奈川大学経済学会
15）都市農山漁村交流活性化機構（2001）『農産物直売所運営のてびき―地域の活力を生み出す直売活動』農文協
16）都市農山漁村交流活性化機構（2005）『農産物直売所発展のてびき―競争の時代を生き抜く運営戦略』農文協
17）農耕と園芸編集部編（2012）「台付け」『農耕と園藝』8 月号　誠文堂誠光社
18）農文協編（2019）「野山から売れる 枝物・葉っぱ図鑑」『現代農業』11 月号
19）農文協編（2023）『農家が教える 売れる枝もの図鑑』（『別冊現代農業』12 月号）
20）農文協編（2024）「ナタ 1 本でできる里山林業 生け花グループの枝物狩りツアーを実況レポート」『季刊地域』No.56 農文協
21）農文協編（2023）「“枝物推し”の花屋さんに会ってみた」『現代農業』12 月号
22）農林水産省（2017）「土地改良事業計画設計基準及び運用・解説 計画『暗渠排水』」
23）船越桂市編著（1998）新特産シリーズ『枝物 ―60 種の導入から出荷まで』農文協
24）文化庁地域文化創生本部事務局（2021）「令和 2 年度 生活文化調査研究事業（華道）報告書」
25）松原徹郎（2023）「棚田の手入れが稼ぎを生み出す ヤダケ・メダケ」『季刊地域』No.55 農文協
26）三田鶴吉編（1978）『花（花塚建立記念誌）』
27）和歌山県林業振興課、和歌山県林業試験場編（2013）「木の国 森の資源の活かし方：和歌山県特用林産物生産の手引 改訂版第2版」和歌山県
28）養父志乃夫（1987）「レクリエーション林におけるキキョウ群落の形成とその群落の維持管理上の指針」『造園雑誌』51（5）日本造園学会

● 著者略歴 ●

津布久 隆（つぶく たかし）

1960年栃木県佐野市生まれ。宇都宮大学農学部林学科卒業後、1984年栃木県庁に入庁。環境森林部林業木材産業課長、参事兼県北環境森林事務所長等を経て、2021年に定年退職。現在、再任用で県北環境森林事務所林業経営課副主幹（森林林業技術専門員）。知り合いから借りた約10haの里山林で「里山林業」を実践中。

主な著書：『補助事業を活用した里山の広葉樹林管理マニュアル』全国林業改良普及協会2008年、『木材とお宝植物で収入を上げる 高齢里山林の林業経営術』全国林業改良普及協会2017年

写真撮影＝曽田英介

ナタ1本ではじめる「里山林業」
山採り枝物で稼ぐコツ

2024年11月10日　第1刷発行

著　者　津布久 隆

発行所　一般社団法人　農山漁村文化協会
〒335-0022　埼玉県戸田市上戸田２丁目２－２
電話　048(233)9351（営業）　048(233)9355（編集）
FAX　048(299)2812　振替 00120-3-144478
URL　https://www.ruralnet.or.jp/

ISBN 978-4-540-24140-6　DTP制作／(株)農文協プロダクション
〈検印廃止〉　印刷・製本／TOPPANクロレ(株)